Baby-Led Weaning

辅食添加，让宝宝做主

（新版）

不喂饭、不挑食，让宝宝爱上吃饭

〔英〕吉尔·拉普利
〔英〕特蕾西·莫凯特 著
大J 译

中国妇女出版社

图书在版编目（CIP）数据

辅食添加，让宝宝做主 ：新版 ：不喂饭、不挑食，让宝宝爱上吃饭 /（英）吉尔·拉普利（Gill Rapley），（英）特蕾西·莫凯特（Tracey Murkett）著 ；大J译. -- 北京 ：中国妇女出版社，2021.1

书名原文：Baby-led Weaning：Helping your baby to love good food

ISBN 978-7-5127-1919-4

Ⅰ.①辅… Ⅱ.①吉…②特…③大… Ⅲ.①婴幼儿－食谱 Ⅳ.①TS972.162

中国版本图书馆CIP数据核字（2020）第195148号

著作权合同登记号 图字：01-2020-7368

辅食添加，让宝宝做主（新版）
——不喂饭、不挑食，让宝宝爱上吃饭

作　　者：〔英〕吉尔·拉普利 〔英〕特蕾西·莫凯特 著 大J 译
责任编辑：门 莹
封面设计：天之赋设计室
责任印制：王卫东
出版发行：中国妇女出版社
地　　址：北京市东城区史家胡同甲24号 邮政编码：100010
电　　话：（010）65133160（发行部） 65133161（邮购）
网　　址：www.womenbooks.cn
法律顾问：北京市道可特律师事务所
经　　销：各地新华书店
印　　刷：北京通州皇家印刷厂
开　　本：165×235 1/16
印　　张：16.75
彩　　插：8面
字　　数：200千字
版　　次：2021年1月第1版
印　　次：2021年1月第1次
书　　号：ISBN 978-7-5127-1919-4
定　　价：59.80元

前言

Preface

对于所有的父母来说，宝宝第一次吃辅食是一个很大的里程碑——这是他们小小生命中全新的篇章，是非常令人兴奋的一件事。当宝宝开始吃第一口食物时，所有的家长都在祈祷，希望自己的孩子有一个好胃口。他们希望宝宝能够享受吃食物的过程，并且吃得健康、营养，希望宝宝今后的一日三餐都是轻松愉快、毫无压力的。

但事与愿违，很多宝宝最初几年吃辅食的经历，对宝宝自己和父母来说都是不愉快的。父母需要面对和解决很多问题，包括让宝宝接受块状食物，应对宝宝挑食的问题，以及与学步期的孩子进行吃饭战争。为了解决这些问题，很多家庭的大人不得不轮流吃饭，并且单独给孩子准备食物。

大多数宝宝开始添加辅食的时间都是由父母决定的——在某一天，父母觉得该给孩子添加辅食了，于是开始用勺子喂宝宝吃辅食泥。如果你不这么做，会怎么样呢？如果你让宝宝自己决定何时以及如何开始吃辅食，会怎么样呢？如果你让宝宝自己选择合适的食物，而不是你用勺子喂他吃，又会怎么样呢？换句话说，如果你让宝宝自己做主，结果会怎么样？

可以肯定的是，如果这么做，你和宝宝都会觉得整个过程非常有趣。当宝宝准备好接受固体食物时，他会让你知道——他想分享你的食物。他会通过主动品尝和探索去了解健康的家庭食物，并且自己喂自己吃。当然，他尝试的是真正的食物，而不是食物泥。要知道，6个月以上的宝宝就具备这种能力了。

宝宝自主进食（BLW）[①]可以帮助锻炼咀嚼能力、手的灵活性以及手眼协调能力。在你的帮助下，宝宝会发现一系列健康的食物，并且学习吃饭的社交技能。他会根据身体的需求决定该吃多少，从而大大降低长大后肥胖的概率。当然，最重要的是，在吃饭的时候，他会感到快乐和自信。

宝宝自主进食是安全、自然和轻松的。像大部分好的育儿理念一样，这种方法并不是全新的，而是全世界无数的父母在观察宝宝的过程中发现并总结出来的。BLW适用于所有的宝宝，包括母乳喂养的宝宝、人工喂养的宝宝和混合喂养的宝宝。据同时尝试勺子喂养和BLW的家长反馈，宝宝自主进食的方法更加简单，整个过程也更加令人愉快。

当然，从6个月开始给宝宝手指食物也不是全新的理念。宝宝自主进食的不同之处在于，它倡导只给宝宝提供手指食物，而完全摒弃辅食泥和勺子喂养。

---

① 即“Baby-led Weaning”，简称“BLW”。

本书会告诉你为什么用BLW引进固体食物是非常合理的，以及为什么要相信宝宝的能力和本能。本书会提供很多实用的方法来指导你如何实行BLW，也会告诉你在整个过程中即将遇到的问题。总而言之，本书将为你揭晓轻松育儿的秘密武器之一。

实行宝宝自主进食的方法，意味着你不需要像传统的辅食添加方法那样遵守固定的程序和发展阶段。宝宝不需要经历“辅食泥—块状食物—正常的食物”这样循序渐进的过程，而是可以吃真正的成人食物；你也不需要每天都遵守复杂的辅食喂养时间表。相反，你只需要放轻松，和宝宝一起享受探索食物的过程即可。

大部分关于辅食喂养的书都会提供食谱和菜单，但本书没有。本书更多的是探讨如何让宝宝自己喂自己吃辅食，而不是告诉父母应该为宝宝提供哪些食物。之所以有“宝宝餐”的说法，是因为很多父母认为宝宝不能吃常规的家庭食物，因此必须为宝宝专门准备食物。事实上，很多成人食谱中的健康菜单，在经过简单调整之后，都可以让6个月的宝宝和你一起分享。只要你的饮食是健康并且营养均衡的，就没有必要专门为宝宝准备食物。

为帮助你更好地开始实行BLW，我们在书中还给出一些建议，比如哪些食物适合宝宝吃，哪些食物则要避免给宝宝吃。此外，由于很多父母把践行BLW的过程当成反省家庭饮食习惯的契机，因此书中也提出一些如何让家庭饮食更加营养和健康的建议。总之，如果你之前喜欢吃垃圾食品或经常叫外卖，那么可以利用本书开启你家庭饮食的新篇章。

无论对于你，还是对于你的宝宝来说，BLW都将是非常有趣的。

如果你之前从来没见过身边的宝宝使用这种方式添加辅食，在使用BLW后，你会惊叹于自己的宝宝能够如此快速地学会处理各种不同的食物；而且相比其他的同龄宝宝，你也会惊讶于自己的宝宝会对食物表现出如此的热情。当宝宝自己为自己做事情时，会感到更加开心，也更有助于他们学习新技能。

很多实行BLW的父母跟我们分享了他们的实践经历，我们将这部分内容也收录在书中。在这些父母当中，一些父母觉得自己过去用勺子喂宝宝吃辅食的过程很艰难；一些父母在发现6个月的宝宝拒绝被喂辅食泥后，转而开始实行BLW；还有一些人是第一次当父母，他们被BLW人性化、常识性的理念所吸引，因此愿意尝试这种方法。不管是什么样的父母，一旦他们开始实行BLW，我们总是得到这样的反馈：他们的宝宝很喜欢这样的辅食添加方式，而且都变成了快乐的“小吃货”。

希望你阅读本书后能够了解：从辅食转变到正常的家庭餐，其实是非常简单的；使用宝宝自主进食的方法，能够为宝宝将来形成健康、愉快的饮食观打下良好的基础。

本书内容可作为特定领域的常规指导，但在特殊环境和特殊地区，不能取代医学、健康、药物和其他专业人士的建议。一旦父母对宝宝的健康和发育问题有疑问，或者在改变、停止、开始药物治疗之前，应该咨询你们的健康访视员、全科医生或其他相关的保健医生。

据作者所知，截至本书出版时，书中的知识都是正确的，并且是最新的。然而，人们的实践活动、法律、法规和官方的建议等都在不断地发生改变，因此读者应该学习最新的相关知识。在不触及法律的前提下，作者和出版社都不承担任何直接（或间接）使用或不当使用书中信息所造成的后果。

本书为非虚构内容，出于隐私考虑，本书对案例中出现的一些人名进行了改动。

译者序

Preface

我在2016年第一次翻译了《辅食添加，让宝宝做主》这本书，时隔4年，这本书要再版了，再次写下这篇序言，仍然很感慨。

女儿小D已经6岁了，但我至今还清楚地记得，当年那个喂养超级困难的宝宝，在情况最糟糕时，需要用滴管一点一点地把奶打进她嘴里。但就是这样的一个宝宝，后来可以自己吃饭、爱上吃饭，成了十足的“小吃货”。

小D后来吃饭吃得好，既得益于我们当时在纽约的喂养师的指导，也得益于这本书带给我的理念。当年解决她的吃饭问题，是我初为人母的一大难关，也让我深刻地认识到，宝宝喂养既是一门科学，也与父母的心态有很大的关系。

我记得第一次看到这本书时，它彻底颠覆了我对于宝宝喂养的认知，它有理有据有方法，反复在告诉我一件事：我们要相信孩子的能力，相信孩子可以做到的力量。

于我而言，这本书的意义已经远远大于喂养问题本身，它更是一本关于育儿心态和观念的书。如今解决了女儿吃饭问题的我，对于“看见”孩子，有了更深刻的认识，这对于我如何成为一名母亲是有深远影响的。

当年得知这本书要引进国内时，我欣然答应了这份翻译的工作。虽然自己也写了6本育儿书，但作为译者，我需要尽可能地保留原作者的观点。借着这个序言，也想提醒一下大家，我更愿意把“自主进食”看成一种理念，而不是一种方法。虽然书里也提供了方法，但对于喂养这件事，最关键的还是父母和孩子的状态。

并不是所有父母都能做到让几个月大的宝宝自主进食。我女儿小D也没有做到，因为她当年早产导致精细动作延误，没能准备好从一开始就自主进食。但这本书中关于如何理解宝宝吃饭问题背后的真正原因、手指食物的引入等，对小D后来变成“小吃货”和缓解我的喂养焦虑，都有巨大的帮助。

这也是我想写在这本书一开头的话，不管是这本书，还是未来你们会打开的任何育儿书，一定要记住：看育儿书不是为了照搬方法，而是应该结合自己孩子的情况，“取其精华，为我所用”。

成为母亲的这6年，我太明白父母的情绪对于孩子的影响，也太明白宝宝的吃饭问题带给新手父母的困扰有多大，我希望这本曾经帮助过我的书，可以帮助更多的父母。

让吃饭的权利回归宝宝，让吃饭变成轻松愉快的事。

“大J小D”
公众号二维码

大J

2020年10月

目 录

Contents

Chapter 1 什么是宝宝自主进食

Chapter 2 宝宝自主进食的科学依据

Chapter 7 适合全家的健康饮食

Chapter 8 常见问题解答

威尔（5个月）正在用嘴巴探索小物品，也用同样的方式探索他的第一口辅食。▶

对6个月大的杰克而言，这根香蕉是个全新的事物，他正通过触摸、观察以及闻一闻和尝一尝的方式来了解它。▼

对6个月大的莉莉来说，这些蔬菜的形状和大小刚好合适，非常便于她抓握和品尝。▶

◀宝宝都对食物很好奇，泰莎（刚过6个月）正被这些胡萝卜条深深吸引。

◀费利克斯（6 个月）正用双手把奶酪吐司送进嘴里，但他还没学会如何握住食物。

乔治（6 个月）正盯着姐姐盘子里的胡萝卜。▼

欧文（6 个半月）正在研究如何从妈妈的沙拉盘中抓起一块滑滑的甜菜块。▼

劳拉（7 个月）在咀嚼时发现，用手指能更好地让甜瓜块之类的食物保持在嘴巴里。▼

查理（不到7个月）已经习惯了分享家庭餐，他甚至能够从砂锅中挑一块肉出来。▶

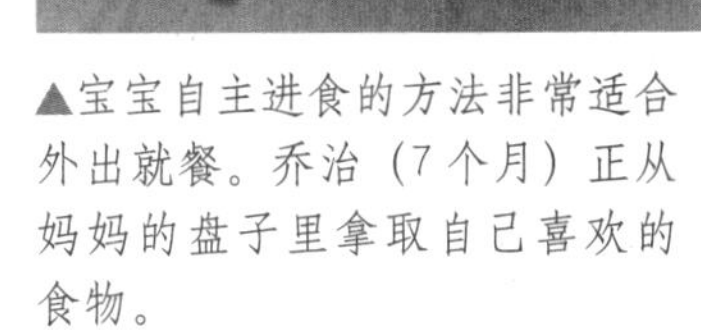

▲宝宝自主进食的方法非常适合外出就餐。乔治（7个月）正从妈妈的盘子里拿取自己喜欢的食物。

麦克斯（7个月）正握着西蓝花的茎，以便能够吃到顶端的部分。▼

◀艾丹（7个半月）正在探索面条。

杰米（7个月）偶尔会和爷爷一起享受一顿酒吧午餐。▶

奥斯卡（8个月）已经学会如何从菠萝皮上分离果肉。▼

罗伯特（8个月）正小心翼翼地拿着草莓，以便能够更好地咬到它。▼

◀汉娜（8个月）正试图像爸爸那样去吃皮塔面包里的三明治。

◀威廉（8个半月）正在愉快地享用午餐——牛油果三明治。

瑟琳（9个月）只有两颗牙齿，但她吃起苹果来完全没问题。▶

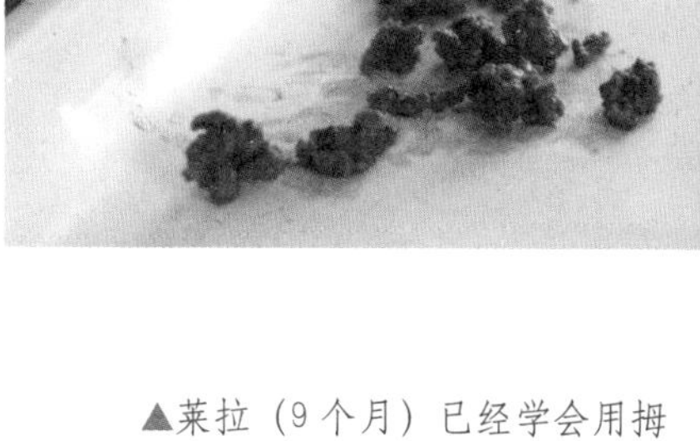

▲莱拉（9个月）已经学会用拇指和食指拿起小肉粒，将肉粒放入嘴巴后，她就开始专注地吃起来。▶

◀奥斯卡（10个月）正用双手和勺子吃稀饭。

▲艾丹（10个月）并不会吃羊排，但通过啃咬和吮吸，他能够获取很多有益的营养物质。

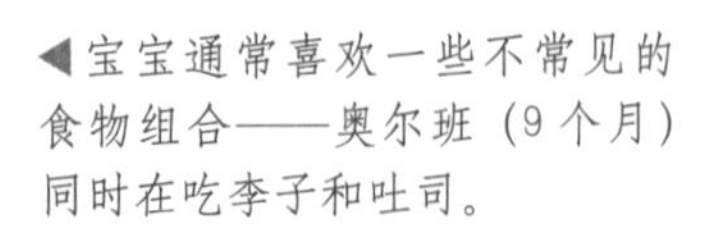

◀宝宝通常喜欢一些不常见的食物组合——奥尔班（9个月）同时在吃李子和吐司。

奥尔班（10个月）正用手指蘸取鹰嘴豆泥吃。▶

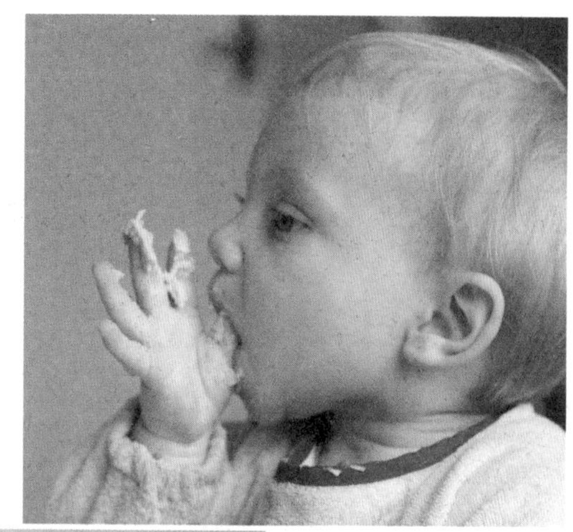

◀妮莎（10个月）喜欢各种不同的食物，她今天的午餐是从一颗草莓开始的。

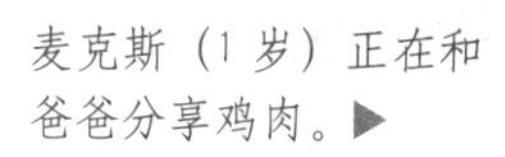

麦克斯（1岁）正在和爸爸分享鸡肉。▶

◀查理（1岁）在跟家人分享星期六的午餐，他正试图握住刀叉。

马德琳（15个月）正全神贯注地用一把叉子吃通心粉沙拉。▶

◀欧文（17个月）正在学习判断食物的大小、跟自己的距离以及如何衡量自己的胃口。

什么是宝宝自主进食

“对大部分父母来说，宝宝的吃饭时间就是一场噩梦。幸运的是，我们并不需要面对这场战役。我的女儿艾米丽很享受吃饭的过程，吃饭对她而言根本就不是个问题。

——杰西，艾米丽（2岁）的妈妈

添加辅食和断奶的关系

断奶是指宝宝的食物来源逐渐从完全依赖母乳或者配方奶，转变到完全不吃母乳或者配方奶的过程。这个转变过程至少需要6个月，如果是母乳喂养的宝宝，这个过程甚至需要花上几年的时间。本书适用于宝宝开始断奶，也就是宝宝刚开始吃辅食的阶段。在这个阶段，添加辅食的目的并不是为了完全取代母乳或者配方奶，而是对现有奶量的补充。这样，宝宝的饮食可以日益趋向多样化。

在大部分家庭中，断奶的过程是由父母主导的。当他们开始用勺子喂宝宝时，他们就决定了何时以及如何让宝宝开始吃辅食；当他们停止给宝宝提供乳房或者奶瓶时，他们就决定了宝宝断奶的时间。因此，可以把这种断奶方式称为“父母主导的断奶”。“宝宝自主进食”倡导的理念则是完全不同的。宝宝自主进食方法允许宝宝依靠自己的直觉和能力来主导整个断奶过程。这听起来也许有些荒谬，但如果仔细观察宝宝的发展过程，你会发现这种方法是非常合理的。

给宝宝吃我们平时吃的食物，这真是太让人省心了。我根本就不需要像以前用勺子喂时那样担心儿子是否会吃这些食物。这个过程是如此自然，如此让人感到愉快。

——山姆，贝拉（8岁）、亚历克斯（5岁）和本（8个月）的妈妈

宝宝自主进食的特别之处

当提到给宝宝添加第一口固体食物时，我们想象中的画面常常是这样的：大人拿着勺子，挖起一勺一勺的胡萝卜泥或苹果泥喂给宝宝吃。有时，宝宝会迫切地张开嘴巴想吃，但他也可能会吐出食物、推开勺子，大哭着拒绝再吃。这时，很多父母会借助游戏来分散宝宝的注意力——“看，火车来了！”然后，再尽力劝说宝宝接受食物。这种喂养辅食的方式通常需要单独给宝宝做食物，并且需要跟家庭的一日三餐错开时间。

在西方，这样的喂养方式几乎很少受到质疑，大部分人都想当然地认为“勺子喂养”是很正常的辅食添加方式。有趣的是，字典上关于“勺子喂养”是这样解释的，“为某人提供太多的帮助或信息，以至于他根本不需要为自己考虑”，“不鼓励某人进行独立思考或者独立行动”。与之相反的是，宝宝自主进食的方法鼓励宝宝按照自己的直觉去发展自信心和独立性。该方法提倡，当宝宝的动作发展表明他可以独立吃饭时，就可以引进固体食物，此后应鼓励宝宝根据自己的节奏逐步推进辅食添加的过程。这样，宝宝就可以依靠本能去模仿父母或者兄弟姐妹的吃饭方式，从而提高自己吃饭的技能，这个过程是非常自然、愉快和循序渐进的。

如果我们肯给宝宝机会，几乎所有的宝宝都会用自己的方式告诉父母：“我已经不满足于只喝奶了。”比如，他们会抓起一块食物放进嘴里。他们不需要父母来帮助他们决定什么时候应该引进辅食，也不需要父母用勺子喂自己，他们完全有能力自己喂自己。

宝宝自主进食提倡下面的做法：

◆在就餐时间，宝宝跟其他家庭成员一起坐在餐桌前。当他准备好之后，就可以跟家人一起用餐。

◆只要他有兴趣，就会被大人鼓励去探索食物。他可以只是把食物抓在手里玩——一开始吃不吃都没有关系。

◆提供给宝宝的食物都是块状的，而不是泥状或者剁碎的；当然，食物的大小和形状要方便宝宝用手拿。

◆从一开始就让宝宝自己喂自己，而不是大人用勺子喂他吃。

◆由宝宝自己决定吃什么、吃多少以及以什么样的速度进食。

◆只要宝宝想喝奶，他就可以继续喝母乳或配方奶；他可以自己决定是否减少奶量。

第一次吃固体食物的经历，会影响宝宝对于吃饭的感受，这种影响甚至会持续很多年，因此让他们感觉到吃饭是愉快的显得尤为重要。但是断奶的过程对很多宝宝和父母来说都是不愉快的。当然，并不是所有的宝宝都排斥被大人用勺子喂食，但很多宝宝只是被动接受这种方式，并不享受这个过程。而如果让宝宝自己喂自己，并且和家人一起就餐的话，他们会表现得非常享受吃饭的过程。

我曾经带着6个月的瑞安，和一群带着同龄宝宝的妈妈一起出游。到了吃饭的时间，她们一个个忙着用勺子喂宝宝，不停地帮宝宝擦嘴，还要保证宝宝的每口食物都吃进去了。她们看起来非常辛苦，而她们的宝宝看上去也不是很享受这些服务。

——苏珊，瑞安（2岁）的母亲

为什么宝宝自主进食是合理的

当宝宝的身体准备好之后，他们就开始爬、走和说话。只要我们给宝宝提供学习的机会，这些发展里程碑都会按照自己的节奏一个个到来，并不会因为我们的干预而提前或者延后。当你把新生儿放在地上让他踢腿，你就给了他学习翻身的机会。当他具备这种能力时，他就会翻身。站立和走路这两项技能需要更长的时间才能学会，但只要你坚持给宝宝这样的锻炼机会，他最终都会做到。既然如此，为什么吃饭就变得这样与众不同呢？

健康的宝宝从一出生就会吮吸妈妈的乳房来喂自己。等到大概6个月的时候，他们学会伸出小手抓起一小块食物，并送到嘴巴里。长久以来，我们就知道6个月大的宝宝可以自己喂自己，这也是家长一直被鼓励从宝宝6个月开始要提供手指食物的原因。但没有证据显示，宝宝在6个月之前不该吃任何固体食物（见下文）。既然大部分宝宝在6个月时都有能力自己吃手指食物，就没必要再吃泥状辅食了。

尽管我们都知道，在合适的时间，宝宝会具备喂自己的本能和能力，但用勺子喂食仍然是大部分宝宝第一年最普遍的喂养方式，有时持续的时间会更长。

什么时候开始引进固体食物

目前辅食添加的建议月龄是从6个月开始。在此之前，除奶之外的任何食物都是宝宝难以消化和吸收的。以下是早于6个月引进固体食物的危害：

◆固体食物不如母乳或配方奶那样含有丰富的营养和热量。小宝宝的胃容积很小，他们需要易消化、浓缩的食物来提供成长所需要的热量和营养，而只有母乳或配方奶可以做到这一点。

◆宝宝的消化系统还无法很好地吸收固体食物中的有益物质，它们只是经过宝宝的身体，营养物质并没有被吸收就直接被排出体外了。

◆过早添加固体食物，会让宝宝对于奶的需求下降，从而导致他获得更少的营养。

◆6个月前的宝宝免疫系统发育还不完善，如果过早添加辅食，宝宝被感染和患过敏的概率要比只喝奶至6个月的宝宝高得多。

此外还发现，早于6个月添加辅食的宝宝，成年后患心脏相关疾病的风险更大，比如高血压等。

6个月是英国官方推荐的宝宝引进辅食的最小月龄。世界卫生组织（WHO）提出：如果可能的话，在6个月之前，宝宝应该纯母乳喂养；6个月以后，可以逐步引进固体食物。

哪些信号并不说明宝宝已经准备好接受辅食

长久以来，父母们一直被告知，可以通过观察宝宝的各种信号来判断宝宝是否做好接受固体食物的准备。事实上，大部分信号都是宝宝不同发展阶段正常发育的特征，而不是宝宝准备好接受其他食物的标志。另外，还有一些信号也同样不能作为开始添加辅食的标志，但很多人仍然认为，这些信号的出现标志着宝宝需要添加奶以外的食物了。

◆**夜醒。**很多父母过早开始引进固体食物，是期望这样能让宝宝睡整夜觉。他们想当然地认为，宝宝晚上醒来是因为饿了。事实上，宝宝夜醒的原因多种多样，而且没有任何证据可以显示给宝宝添加固体食物后，他们就不会夜醒。对于小于6个月的宝宝而言，如果他的确饿了，父母应该提供更多的母乳或者配方奶，而不是引进固体食物。

◆**体重增长缓慢。**这也是父母提前添加辅食的一个很普遍的原因。但研究发现，在宝宝4个月左右，体重增长减缓是非常正常的。对于母乳喂养的宝宝而言，这一点表现得尤为明显。这并不能说明他们需要引进固体食物。

◆**宝宝对父母吃饭感兴趣**。从4个月开始，宝宝就对周围发生的一切家庭活动感兴趣，比如穿衣、刮胡子、刷牙——当然，还有吃饭。他们还不明白这些事情意味着什么，只是感到好奇而已。

◆**嘴巴发出吧唧的声音**。宝宝在学习如何控制嘴巴时，特别喜欢做这个动作，这不仅仅是为吃饭做准备，也是为今后说话做准备。这的确是宝宝吃辅食的早期准备动作，但这并不意味着他们已经准备好可以添加固体食物了。

◆**喝完奶后不直接睡觉**。从4个月左右开始，宝宝清醒的时间比小月龄宝宝要长很多。不过，这只说明他们需要更少的睡眠时间而已。

◆**低体重宝宝**。如果宝宝体重过低，不管是因为基因还是营养不良，当他们不满6个月时，最好的营养来源还是母乳或配方奶，这是帮助他们增长体重最有效的方法。唯一例外的是早产宝宝，有些早产宝宝的确在早于6个月时就需要摄入更多的营养。

◆**过胖宝宝**。出生时很胖或者之后快速长胖的宝宝，都不需要额外的食物。他们之所以胖，要么是因为基因的关系，要么是在某些情况下（特别是喝配方奶的宝宝），他们摄入了超出身体所需的奶量。胖宝宝的消化系统和免疫系统并不比其他宝宝更成熟，因此提前添加辅食的风险是一样的。认为胖宝宝可以提前添加辅食的观点，源于20世纪五六十年代，那时错误地认为宝宝达到某个体重标准（通常是12磅，即5.5公斤）就可以添加辅食了。在宝宝生命的前6个月，不管宝宝胖还是瘦，奶都应该是他唯一的食物。

我一直无法理解为什么人们会说：“哦，他很胖，他需要更多的食物，你应该给他提供固体食物。”事实上，大部分人一开始给宝宝吃的食物都是生梨、蒸熟的西葫芦或者胡萝卜，这些食物你只会在减肥时才吃嘛。

——霍莉，艾娃（7岁）、阿尔奇（4岁）和格伦（6个月）的母亲

宝宝准备好的正确信号

判断宝宝是否准备好接受固体食物，最可靠的方法就是看宝宝身体是否出现重大的变化以及是否有能力来应对这些变化，比如他的免疫系统和消化系统的发展，嘴巴肌肉的发展。如果他只需要一点点支撑，或者完全不需要支撑就能够独坐，可以伸手去够东西，然后迅速并准确地放入嘴巴，会啃他的玩具并做出咀嚼的动作，这很大程度上说明他已经做好了探索固体食物的准备。

当然，最好的信号就是宝宝自己开始把食物送进嘴巴——只有当你给宝宝机会时，才能看到这个信号的出现。

当坐在你大腿上的宝宝，从你的餐盘里抓起一大把食物放进自己嘴里，咀嚼几下并吞下去时，你就知道是时候也给他准备一个餐盘了。

——加布里埃·帕尔默，营养学家和作家

为什么有的婴儿食品适合6个月以上的宝宝

1994年，英国卫生署修改了添加辅食的最小月龄，从3个月变成了4个月。与此同时，一项法律迅速颁布：禁止食物和饮料的生产厂商标明他们的产品适用于小于4个月的婴儿。

2003年，英国卫生署又一次将添加辅食的最小月龄改为6个月，但相应的法律并没有改变。因此，婴儿食品的生产厂商可以继续宣传自己的食物适合4个月以上的宝宝。结果，这让很多父母感到疑惑——他们并不知道官方的辅食添加建议时间已经改变；或者即使知道，也没有意识到6个月以下的宝宝只吃母乳或配方奶的重要性。于是，他们继续过早地给宝宝购买还不适合他们吃的婴儿食物。

一项自发的国际公约（母乳取代品营销国际准则）禁止对6个月以下的宝宝推广任何非奶类的婴儿食物或饮料，大部分国家都签署了这项公约。但在包括英国在内的大部分国家，这项公约仍是自发的，不具有强制性。也就是说，食品行业并不一定会遵守这些公约。因此，在法律更新之前，市面上很多婴儿食品的标签上还是写着“适合4个月以上的宝宝”。

BLW故事

马克斯一直很胖。我总是听别人跟我说，胖宝宝更容易饿，他们从4个月开始就需要添加辅食。但我一直坚定不移地让宝宝自己告诉我他是否做好了接受固定食物的准备。

尽管马克斯很胖，但他对食物一直没有太大的兴趣。从他8个月开始，我从他的大便中知道他可能吃下了一点儿固体食物。但直到10个月时，他才真正开始吃固体食物。

在我看来，在进行宝宝自主进食的最初6个月，更多的是让他探索食物的味道和性状。和我的朋友们用勺子喂宝宝吃辅食相比，我真的不确定马克斯真正吃进去多少，但我并不为此感到担心。宝宝自主进食的方式让我没有压力。我曾经试图用勺子喂我的外甥们，我要求他们必须吃完碗里的量，一旦中途停下来，我就会感到焦虑。

如果你决定尝试宝宝自主进食的方法，一开始你就要放轻松，让宝宝自己掌握节奏。作为父母，我们太容易得出一些结论，比如，他们没有吃任何东西，他们会饿，我们需要喂他们。我曾经这样告诉自己："我为什么要担心？母乳比半根胡萝卜有营养得多。"马克斯从母乳中可以得到最全面的营养，而且母乳喂养可以轻松地与一日三餐同步进行，只要他想喝，我随时可以喂他。

——夏洛特，马克斯（16个月）的母亲

宝宝自主进食并不是全新的理念

也许你边读边在想："我以前就是这么做的，这并不是什么新理念。"的确，你是对的，宝宝自主进食并不是全新的概念，但被这样正式、系统地提出来，却是第一次。

很多父母，特别是家里有两三个孩子的父母，通过偶然的机会发现，让宝宝自己喂自己不但能让生活变得更轻松，而且每个家庭成员都乐在其中。大部分情况下，他们的故事是这样的：对于第一个宝宝，他们严格遵守传统的辅食添加原则，却发现喂宝宝吃辅食需要很大的耐心，而得到的回报却很小；对于第二个宝宝，他们没有那么严格，会打破一些规则，结果发现辅食添加过程变得容易一些了；当有了第三个宝宝时，他们实在太忙了，以至于只能让宝宝"自己喂自己"。

结果怎么样呢？第一个孩子，即根据传统规则用勺子喂养的宝宝，后来变成了一个非常挑食的孩子；第二个孩子没有那么挑食；第三个孩子吃饭的情况要远远好于前两个孩子，不仅不怎么挑食，并且更愿意探索新食物。这是父母自己发现的宝宝自主进食方式，但由于他们担心自己被其他人认为是不负责任的或懒惰的父母，所以他们从来不跟别人分享这种方式。

当我和越来越多的父母聊起宝宝自主进食的方法时，我发现这种方法并不新颖，因为很多父母都对我说："我以前用过这种方法，只不过我没有说出来而已。"是的，很多父母一直都在用这种方法，只不过没有用“宝宝自主进食”这个名字而已。

——克莱尔，路易丝（7个月）的母亲

宝宝喂养的简短历史

在19世纪之前，我们对于如何为宝宝引进固体食物的信息知道得少之又少。父母的技能和知识都是从母亲那里口口相传得到的，很少被记载下来。但就像现在一样，可能很多家庭都是靠自己发现了宝宝自主进食的方法。尽管坊间证据表明，在整个20世纪，至少有一部分家庭是用这种方法引进固体食物的，但大部分宝宝并没有使用这种喂养方式。

20世纪初，直到宝宝8～9个月时才会引进固体食物；到了20世纪60年代，这个时间点又被提前到2～3个月；而到了20世纪90年代，大部分宝宝从4个月左右开始添加固体食物。这些改变大都源于宝宝母乳喂养方式的改变。那时鲜有关于婴幼儿喂养的全面研究，直到1974年之后，才出现关于辅食添加的指导。

当我的外婆看到罗丝自己喂自己时，她觉得这简直太棒了。她是家里7个孩子中的老大，她说当时她的母亲正是用这种方式喂养她的弟弟妹妹的，她完全不记得有勺子喂养这件事，而我的母亲则完全是被我的外婆用勺子喂养的，因为那时她被告知从宝宝3个月开始就要这么做。

——琳达，罗丝（22个月）的母亲

在20世纪90年代早期，无论宝宝是从妈妈还是从奶妈（被父母雇来给宝宝喂母乳的妇女）那里获得母乳，他们通常都会被母乳喂养至8～9个月，甚至更大。尽管从宝宝7～8个月起，父母会提供给他骨头或面包皮，但这只是为了帮助他发展咀嚼能力或缓解出牙不适，而不是给他提供“食物”。那时建议的第一口辅食，通常是用勺子喂的羊肉汤或牛肉汤。

随着奶妈这个职业的逐渐消失，医生开始意识到，他们有责任来指导妈妈们如何用母乳喂养自己的孩子，而听从母亲的本能，或者更糟糕的，听从宝宝的直觉，都被认为是不负责的。于是，从宝宝一出生起，他的喂养过程就受到了严格的控制。

尽管母乳喂养被认为是喂养宝宝最好的方式，但妈妈需要频繁喂奶来提高母乳量这个事实却常常被误解。那时的妈妈们被告知，她们需要遵守严格的时间表，需要控制宝宝吃母乳的时间以及喂奶的间隔时间。结果，很多妈妈无法提供足够的奶，她们的宝宝也因此无法健康成长。自然而然地，那时市面上还不多见的母乳替代品开始繁荣起来，为保证宝宝获得生长所需的营养，医生也会大力推荐这些母乳替代品。

随着“看钟喂养”的方式传播得越来越广泛，越来越多的妈妈需要依赖婴儿配方奶，但这时医生发现，这些产品并不像广告宣传的那样好。很多依赖这些产品的宝宝，非常容易生病或者出现营养不良，而且这些配方奶的冲调方式很复杂，因此常常出现失误。

此后，很多妈妈还是倾向于一开始用母乳喂养自己的宝宝，但由于要遵守医生提出的严格的喂养时间表，她们只能喂几个月。医生和一些育儿畅销书的作者，鼓励从宝宝出生开始进行母乳喂养，一旦发现妈妈的母乳不足，就应该引进固体食物（当然，通常是半固体食物）。这通常发生在宝宝2～4个月。那时，“胖乎乎”被认为是宝宝健康的表现，那时的母亲急于想让宝宝“变胖”，因此大部分宝宝的第一口辅食都是以麦片为主，其中混合一些粥和极受欢迎的面包干。

与此同时，提前筛选的预包装食品开始出现在商店里。从20世纪30年代开始，出现了各种各样以水果或蔬菜为主的听装或罐装婴儿食品。这些食物本来是提供给6个月以上的宝宝的，却被妈妈们发现用来喂更小的宝宝也一样方便。

一旦宝宝在还不会咀嚼时就被习惯性地喂固体食物，就减少了宝宝练习咀嚼骨头和面包干的机会。尽管人们都认为，为宝宝引进的食物应该尽可能接近家庭饮食，但父母通常在一开始都选择用勺子喂宝宝吃块状的食物，而不是给他们提供可以拿得住的食物。

从20世纪60年代开始，人们认识到，宝宝需要练习咀嚼食物以及在嘴巴里移动食物。如果宝宝已经掌握这些技能，父母就被鼓励从6个月开始为宝宝提供手指食物。但是，由于当时人们认为宝宝在学习咀嚼之前需要先适应较软的食物，因此很多人都认为需要在宝宝6个月之前添加糊状食物，以便让宝宝顺利过渡到那些需要咀嚼的食物。

1974年，出现了第一版正式的辅食指南，那时大部分3个月大的宝宝已经开始吃除奶以外的食物（通常是“宝宝米饭”、粥或面包干）。该指南指出，4个月以下的宝宝不能吃除奶以外的任何固体食物，6个月以上的宝宝需要添加一些固体食物。该建议在1994年被确认，并且在2003年之前一直是英国官方的建议指南。2003年，官方指南修改为：6个月以下的宝宝，只能完全依靠母乳或配方奶喂养。

BLW故事

我的女儿出生后，我本能地决定，如果她没准备好，我就不会引进辅食。我的第一个孩子杰克从4个月开始引进辅食，那段经历实在太痛苦了。不过，当时的指南就是那样指导我们的（他现在已经21岁了）。当然，现在我意识到他当时在生理和心理上都没有准备好，他讨厌吃辅食的过程。

安娜对于母乳喂养感到很满足，因此我不必急于引进辅食。我们不常去诊所，但如果医生问起，我就撒谎。记得在她8个月体检时，我对医生说："她一天吃三餐，她很享受这个过程。"但事实上，她只是在其他人吃饭时，自己喂自己几小块食物而已。她从母乳喂养直接跳到自己拿食物吃，中间没有其他任何阶段——没有经过"辅食泥—粗颗粒食物—大块食物"这个过程。

这是16年之前的事情了，那时大部分宝宝在6个月时已经可以像大人一样一日只吃三餐了。知道我不用勺子喂安娜的人都很疑惑，不过他们也看到安娜十分健康。他们也许认为我只是懒。当安娜真正开始吃饭时，她只有8个月大，每个人都看到她能吃任何大人的食物，而且非常快乐。

——丽兹，杰克（21岁）、安娜（16岁）和罗伯特（13岁）的母亲

勺子喂养的弊端

想象一下，你6个月大，热衷于模仿你看到的家庭成员所做的任何事，你想抓住他们递过来的东西，去探索它到底是什么。当你看到父母在吃饭时，你对他们所吃食物的颜色、气味和形状都非常着迷。你并不明白，他们吃饭是因为他们饿了，你只是想和他们做一样的事情——这正是你学习的方式：模仿。但你的父母非但没让你参与进来，反而用勺子把一些黏糊糊的东西塞进你的嘴巴里。这些东西的性状是一成不变的，味道却每天都在变化：有时很美味，有时却很难吃。你的父母可能会让你看这些食物，却从来不让你碰它们。有时候，他们好像很赶时间，急着喂你吃；有时候，你又不得不等很久才能吃上第二口。当你因为不喜欢某种味道而把食物吐出来时（或者你只是想看一下你吃的是什么），他们会以最快的速度重新用勺子舀起食物，塞进你的嘴巴里！你还不明白这些黏糊糊像泥一样的东西是可以填饱肚子的，因此在饿的时候吃这些东西你感到非常沮丧，因为你想喝奶。不过当你并不是很饿，恰巧这些东西味道还不错时，你还是愿意尝试的。但你仍对其他人所做的事情很感兴趣，并且也想尝试去做。

勺子喂养并不是不对，只不过没有这个必要。尽管有很多宝宝是勺子喂养长大的，之后吃饭也没有什么问题，但不可否认的是，勺子喂养的宝宝出现吃饭问题的概率要比自主进食的宝宝高得多。其原因既与泥状或糊状食物的质地有关，也与宝宝对食物的控制能力有关。

◆泥状或糊状食物让宝宝非常容易就可以从勺子上吃到，从而不需要过多的咀嚼。如果宝宝到了6个月以后还没有机会锻炼咀嚼能力，该能力的发展就会延误。如果宝宝1岁以后还没有引进块状食物，他基本上很难学会吃块状食物。这就如同宝宝过了3岁还没有给过他锻炼走路的机会一样。而咀嚼能力很重要，它对于语言发展、消化吸收和吃饭安全都有着至关重要的影响。

◆进行自主进食的宝宝，很快就能学会如何吃块状食物。因为宝宝自己喂自己时，食物被放在嘴巴前部，而从嘴巴前部开始练习咀嚼是相对容易的。与之相反，用勺子喂养宝宝时，食物通常都被塞到宝宝的嘴巴后部，这样宝宝就很难把食物安全地挪到嘴巴前部来咀嚼。

◆很多用勺子喂养的宝宝，当第一次给他们引进块状或泥状食物（市面上售卖的“第二阶段”食物）时，很容易出现干呕。这是因为勺子直接把食物送到了宝宝的嘴巴后部，这很容易引起他们的咽反射。相比自主进食的宝宝，用勺子喂养的宝宝更难学会避免咽反射。因此，很多用勺子喂养的宝宝会出现拒绝吃辅食的情况。

◆用勺子喂宝宝，就意味着宝宝无法决定自己吃多少和吃多快。在用勺子喂养时，泥状的食物被宝宝直接吞下，而且宝宝很容易被大人强迫着“多吃一口”。因此，宝宝经常会吃得比较快，也吃得比较多。而过度喂养导致的结果，就是宝宝永远无法体验“饱”的感觉，无法学会什么时候停下来不吃。长此以往，可能会让宝宝养成暴饮暴食的习惯。

◆1岁以内的宝宝，大部分营养来自奶。如果宝宝吃了过多的辅食（这种情况经常发生于用勺子喂养的宝宝身上），他的喝奶量就会降低，从而导致无法得到生长所需的充足营养。

◆相比自主进食的宝宝，勺子喂养的宝宝会觉得吃饭是一件很无趣的事。宝宝喜欢自己探索和尝试食物，这是他们学习的重要途径。他们不喜欢有人替他们做事。允许宝宝自己喂自己，可以让就餐时间更加愉快，而且也是鼓励他们相信食物的好方法，让他们更愿意尝试不同口味和不同质地的食物。

当然，这并不意味着自主进食的宝宝就不能尝试泥状食物。有些宝宝从一开始就学会拿起装好食物泥的勺子喂自己，也有的宝宝很快就会把勺子在碗里“蘸”一下，他们还有很多其他方法来吃泥状食物。勺子喂养的真正问题在于只给宝宝软的食物，而且不让宝宝掌握自己的就餐时间。

让宝宝自己决定吃什么，他就可以在嘴巴前部尝试食物。而且如果他们不喜欢嘴里的食物，就很容易吐出来。但勺子喂养是把一大勺辅食泥直接塞到宝宝的嘴巴后部，即使宝宝不喜欢，也很难吐出来。除非宝宝确定被喂的食物是他喜欢的，否则他就会拒绝任何新的食物。因此，勺子喂养的宝宝很容易出现挑食的现象。

好几个星期以来，吃饭对于我们来说就像打仗一样。当我喂梅布尔吃食物泥时，她根本不肯张嘴。我很沮丧，不知道这是勺子的原因、食物形态的原因，还是两者兼而有之。但是当我给她一些食物，让她自己喂自己，并自己掌控吃饭的过程时，吃饭对她来说就是有趣的，而且她愿意尝试任何食物。之前我给她玉米泥时，她连碰都不愿意碰；但当我给她一些小玉米时，她竟然全部吃光，还意犹未尽。

——贝琪，梅布尔（10个月）的母亲

在有些国家，人们是用手指吃饭的。事实上，有些文化认为，只有去触摸和感受食物，你才能真正地享受食物，使用任何餐具都会破坏这种体验；另外一些文化则认为，根本没有必要使用工具来吃饭。但在大部分西方文化中，我们似乎已经被说服：不用勺子根本无法把食物送进宝宝的嘴巴里。

当然，勺子喂养理念的存在是有历史原因的。那时，人们被建议宝宝到三四个月时就可以引进固体食物。事实上，三四个月的宝宝还不具备咀嚼和自己喂自己的能力。后来这种观念就演变成一种定论，即不管宝宝多大，引进固体食物时都需要从用勺子喂食物泥开始。

因此，尽管研究结果告诉我们，宝宝从三四个月（甚至更小）开始添加辅食是错误的做法，但大部分人还是认为，宝宝的第一口固体食物需要用勺子喂养。这一点似乎并没有任何研究的支持，甚至都没有人研究过勺子喂养到底是否适合或安全，它只是一种惯例——“大家都这么做”，却并未被充分研究过。

当我用勺子喂伊凡时，必须不停地逗他笑，这样他才会张开嘴，我才有机会把勺子送进他嘴里。但很多时候，勺子刚进入他嘴巴就被他顶了出来。因此，我必须找准时机不断尝试。显然，他并不想吃，我们却一再被告知：他需要添加奶以外的食物。于是，我和他经常面对面坐着，我不停地尝试，他不停地拒绝，我们两个都非常沮丧。现在回头看当时那段经历，我觉得勺子喂养并不是必需的。

——帕姆，伊凡（3岁）和莫莉（18个月）的母亲

宝宝自主进食的优点

愉快的经历

吃饭对任何人来说都应该是愉快的，不仅是对成人，对宝宝也一样。在吃饭时，能够自己决定吃什么、吃多少和吃多快，会让吃饭这件事很愉悦。自主进食的宝宝通常很期待吃饭，他们喜欢去探索各种各样的食物。小时候愉快的、没有压力的就餐环境，会让宝宝形成今后一辈子健康的饮食观。

过程很自然

宝宝生来就喜欢探索和试验，这是他们学习的途径。他们用自己的嘴巴和手来探索很多事物，包括食物。运用自主进食的方法，宝宝可以根据自己的节奏来探索食物，并决定什么时候可以吃饭，就像自然界其他任何的小动物一样。

有利于宝宝更好地了解食物

自主进食的宝宝，可以了解不同食物的外观、气味、味道和性状，还能感受不同的食材混在一起是什么味道。而用勺子喂养的宝宝就缺少这样的体验，因为所有的食材全被打碎混合成泥了。自主进食的宝宝，能够发现鸡肉和炖菜的区别，并开始学习辨认自己喜欢的食物。此外，他们可以轻易地避开那些自己不喜欢的食物，而不是拒绝吃整盆炖菜。这让准备食物的过程变得简单起来，并意味着宝宝不会错过自己喜欢吃的食物，还意味着即使不是所有家庭成员都喜欢吃所有的食物，整个家庭也可以吃同样的饭菜。

吃得更加安全

让宝宝在吃饭之前有充分的时间去探索食物，可以教会他一件很重要的事，即哪些食物是需要咀嚼的，哪些食物是嚼不动的。我们对于自己身体某一部分的感觉，与对其他人身体某一部分的感觉是完全不同的，只有亲身经历过，才能明白这两者之间的区别。宝宝通过手来感受食物并将它放进嘴里，这个过程能帮助他更好地判断嘴里的食物需要咀嚼到哪种程度，以及如何在嘴里移动食物。这是一道非常重要的安全程序，可以防止宝宝把过大的食物或无法咀嚼的食物放进嘴里。同时，尽早开始体验不同性状的食物，也会大大降低宝宝被呛的风险。

有利于宝宝探索周围的世界

宝宝不是只在玩，他们其实一直在学习。几乎所有那些宝宝从昂贵的早教玩具中学到的东西，其实都可以从食物中学到。比如，他们学习如何抓起软的食物而不捏碎；如何抓起滑的食物而不掉落；当食物掉落时，他们就知道了重力的概念。探索食物时，他们还学会一些抽象的概念，比如多少、形状、大小、重量、性状等。这是因为在吃饭时，他们所有的感官（视觉、触觉、听觉、嗅觉和味觉）都被调动起来，他们通过吃饭学会了如何运用这些感官来更好地了解周围的世界。

激发宝宝的潜力

让宝宝自己喂自己，使他们在用餐时间能够很好地练习那些能力发展的重要方面。用手指把食物送进嘴里，意味着宝宝需要锻炼手眼协调能力；每天无数次抓握大小和材质不同的食物，意味着他们需要锻炼精细动作。这些对于宝宝今后的写字和画画技能都有很大的帮助。而咀嚼食物（不是吞咽食物泥）可以锻炼宝宝的脸部肌肉，这对于今后的语言发展至关重要。

> 所有人都说伊曼纽尔的手指活动能力很强，我却认为这很正常。每个宝宝都会做这些事，只是大部分宝宝并没有机会进行锻炼。如果他们每天喂自己吃不同的食物，就可以发展这些能力。但是当我告诉别人这是因为他总是自己喂自己时，没人会相信。
>
> ——安东尼塔，伊曼纽尔（2岁）的母亲

增强宝宝的自信心

让宝宝自己做事，不仅是很好的学习过程，也会让他们更加相信自己的能力和判断。当宝宝能够拿起食物送进嘴里时，他立刻就得到了奖赏——美味的食物。这个过程让他知道，他有能力让美好的事情发生，从而帮助他建立自信和自尊。当他可以吃的食物越来越多，他就开始了解哪些东西可以吃、哪些东西不能吃，以及从不同的食物中可以期待怎样的味道，并且学会相信自己的判断。自信的宝宝会成长为自信的学龄前儿童，他们不害怕尝试新鲜的事物，即使事情并没有按照计划进行，他们也能进行自我修复。对于父母来说，看到宝宝能够自己喂自己，他们会更加相信宝宝的能力和直觉，也会更加放心地让宝宝进行探索，从而意味着宝宝有更多的自由去进行探索和学习。

让宝宝更加相信食物

自主进食的宝宝被允许运用自己的直觉来决定吃什么以及不吃什么，因此他们很少会怀疑食物，而其他的婴幼儿和学步期孩子则常常怀疑食物。允许宝宝不吃某些他们不需要或看上去不安全的食物（生的或太熟的，发臭的或有毒的食物），会让宝宝更加乐意尝试新的食物，因为他们知道自己可以决定是否继续吃。

一开始，当艾玛能够看清她要吃的是什么食物时，她就更愿意去吃。对于混合在一起的食物，即使是炖菜，她也会更加谨慎。她还是会吃，但会花很长时间去观察，好像是要检验一下它是否安全。

——米歇尔，艾玛（2岁）的母亲

与全家人共同进餐

自主进食的宝宝，从一开始就参与到整个家庭的就餐当中，跟大家吃同样的食物，并参与到吃饭的社交活动中。这对于宝宝来说是非常有趣的体验，他们可以模仿成人的就餐行为，慢慢地自然就学会如何使用餐具以及家庭的餐桌礼仪。宝宝还可以学习如何处理不同的食物、如何分享食物、如何学会等待以及如何进行交谈。全家人共同进餐，对于家庭关系、宝宝的社交技能和语言发展以及健康饮食都有着非常正面的影响。

学习控制食欲

婴幼儿时期形成的饮食习惯会影响宝宝一辈子。那些被允许按照自己的节奏进餐、能够自己决定吃什么以及什么时候吃饱的宝宝，通常能够按照自己的胃口决定吃多少，并且长大后饮食过度的可能性会大大降低，从而可以有效地避免肥胖的发生。

获取更好的营养

采取自主进食方法，并一开始就跟整个家庭一起吃饭的宝宝，长大后吃不健康食物的可能性比较小，长期来看他们的营养也更加均衡。这一方面是因为他们喜欢模仿父母的做法，随时随地都吃成人的食物；另一方面是因为他们愿意尝试不同的食物。

有利于长远的健康

随着辅食添加过程的推进，宝宝的奶量是逐渐下降的。而对于实行自主进食且母乳喂养的宝宝而言，母乳喂养的持续时间会更长。母乳喂养不仅能为宝宝提供均衡的营养，同时对孩子和母亲也是一种保护，能使他们避免很多严重的疾病。

学习处理不同的材质和如何咀嚼

自主进食的宝宝，从一开始就体验到不同性状和不同质地的食物，而不是单一的泥状或糊状食物。由于他们有机会锻炼咀嚼，并学习如何在口腔中移动食物，因此他们比用勺子喂养的宝宝更快学会处理食物。此外，学会有效咀嚼也有助于宝宝的语言发展和食物的消化。一开始就有机会处理各种各样食物的宝宝，就餐过程会更加有趣，从而更可能获取身体所需的全部营养。

体验吃饭的乐趣

自主进食的宝宝有机会从一开始就体验到吃饭的真正乐趣。作为成人，我们觉得吃饭是再普通不过的事情，甚至都忘记去享受不同味道和不同材质的食物带给我们的乐趣。传统的“第一口”固体食物，通常是把不同的食物打碎后均匀地混合在一起。这意味着宝宝不仅只能体验一种性状的食物，而且也没有机会体验不同的食物带来的不同味道。这对于他未来的饮食观念将产生不小的影响。

> 第一次看到自主进食的宝宝时，我被深深地震撼了——他可以如此自信地处理成人食物。10个月的宝宝可以自己用手拿起食物并放到嘴里，他显然知道这些不同的食物是什么，而且很熟练地选择自己想吃的食物。整个吃饭过程中，他异常满足和享受。
>
> ——玛丽安娜，托儿所老师

建立对食物的积极态度

很多儿童甚至青少年和成人都患有饮食障碍，其根源可能与婴儿时期的辅食添加经历有关。如果宝宝早期的进食经历是健康、愉快的，那么他出现拒绝或恐惧食物的概率就会小得多。

宝宝的三餐更简单

把食物打成泥的过程其实很费时间，用宝宝自主进食的方法则不需要把食物打成泥。如果父母的饮食习惯是健康的，他们很容易就能够将自己的三餐调整为宝宝也能吃的婴儿餐。更重要的是，你不用先喂宝宝，自己再吃已经冷掉的饭菜，你可以和宝宝一起享用美食。

避免吃饭战争

当父母不再强迫宝宝吃饭，吃饭自然就不会引起父母和孩子之间的战争。相反地，使用宝宝自主进食的方法时，全家人可以一起享受美食，孩子和父母皆大欢喜。

避免养成挑食的习惯

采用自主进食的宝宝，不容易出现挑食或拒绝进食的情况。这是因为吃饭对于他们来说是愉悦的，而且由于他们一开始就吃家庭食物，所以父母无须经历从婴儿食物转换到家庭食物的过程——通常这个过程很容易导致宝宝挑食。

> 我发现自主进食的方法能够让宝宝享用更加丰富多样的食物，而且长大后也不容易出现挑食的问题。
>
> ——贝弗利，营养咨询师

不需要“劝”宝宝吃饭

很多用勺子喂养宝宝的父母发现，自己的宝宝不怎么爱吃辅食。为让宝宝接受不同的食物，他们不得不想出一些招数。由于自主进食的方法尊重宝宝自己的意愿，由他们来决定吃什么（或不吃什么）以及什么时候吃饱，因此父母完全不需要“劝”宝宝吃饭。这意味着，在吃饭时，父母不需要模仿火车或飞机的声音来吸引宝宝接受他不想吃的食物，也不需要把食物做成特殊的形状（比如笑脸）或把蔬菜藏在其他食物里，以便让宝宝吃得更加健康。

宝宝没有被孤立

如果宝宝需要单独用勺子喂养，那么当其他家庭成员吃饭时，如何让宝宝保持愉悦是一项很大的挑战。而对于实行自主进食方法的家庭而言，一家人坐在一起吃饭，宝宝和其他人一样参与其中，并没有被孤立起来。

让外出吃饭变得更加容易

采用宝宝自主进食的方法，意味着去餐厅吃饭时，总有宝宝可以吃的东西，而且他也更愿意尝试新食物，父母也可以趁热吃饭。同时，宝宝还可以获得以下认知：餐厅是怎样运转的，餐厅里食物的味道和品相与家里的食物有何不同，需要等待一段时间才能吃到食物，等等。而用勺子喂养的宝宝是无法体验到这些的，因为他们总是吃家里做好的、一成不变的泥状食物。宝宝自主进食的方法让外出吃饭更加容易，父母不用提前准备泥状食物，也不用考虑餐厅是否能够加热辅食泥的问题。

> 我简直不敢相信带宝宝出去吃饭可以如此简单！我的孙女跟着我们一起吃。我儿子在我孙女这么大的时候，我们出门就餐时必须

带着一大罐宝宝辅食，而且还要找地方进行加热。如今我的孙女愉快地接受我们给她的任何食物，而且吃得很多。这真比我那个年代简单好多啊！

——安娜，莉莉（9个月）的奶奶

更加便宜

宝宝跟着家人一起吃饭，要比单独给他做饭更加经济实惠，尤其是比市面上售卖的成品辅食泥更加便宜。

宝宝自主进食的不足之处

脏乱

没错，这种方法一开始的确会比较脏乱。不过所有宝宝都会在某个时间段去学习如何自己喂自己，这个学习过程必然是又脏又乱的。唯一不同的是，自主进食方法带来的脏乱发生得比较早而已。不过好消息是，对大部分宝宝来说，这种脏乱的阶段都比较短，因为宝宝每天会锻炼好多次，所以他们很快就会熟练掌握吃饭的技能，更何况还有很多方法可以减少脏乱情况的发生。另外，你别忘了，用勺子喂养同样会很脏乱！

其他人的担忧

在使用宝宝自主进食方法的初始阶段，如何消除其他家庭成员以及朋友的担心和疑虑确实是个不小的问题。不过，这并不能视为自主进食方法的一个缺点。由于这种方法以前没有被讨论过，所以很多人并不了解它，也不知道它是如何进行的，因此他们自然会对这种方法持怀疑或担忧的态度。说服他们的最好方法，就是让他们亲眼见到BLW带来的好处。

宝宝自主进食的科学依据

对大部分父母来说，这个方法的好处在于，宝宝何时准备好吃辅食是显而易见的。当宝宝可以独自坐着，伸手拿起食物并放进嘴巴，让食物在嘴里移动一会儿，然后把它吞下去，这就说明他已经准备好吃辅食了。这个过程是水到渠成、自然而然的。

——黑兹尔，依薇（8岁）、山姆（5岁）、杰克（22个月）的妈妈

增长宝宝的技能

学习吃固体食物是宝宝发育过程中自然的组成部分，这和爬、走、说话一样，是成长中不可缺少的环节。尽管有些宝宝发展得比其他宝宝快，但所有宝宝发展各种技能的轨迹都是相似的。比如，大部分宝宝都是按照以下顺序发展大运动的：翻身—坐—爬—站—走路。这个准则适用于宝宝发育的全过程，包括吃饭。

宝宝发展这些技能都是自发的，不需要被人教。换句话说，他们其实不需要“学习”这些技能，自然而然就会了。有些技能是逐步发展的，而有些技能他们似乎一夜之间就会了。但无论如何，这些技能都是宝宝通过锻炼各种动作，并把它们组合起来的结果。从宝宝出生开始，所有这些技能就在持续不断地发展着。宝宝很多早期的运动是依靠本能进行的，等他们逐渐长大，对肌肉有了更好的掌控能力之后，他们的行为就会更有目的性。

尽管所有的宝宝都会发展那些与吃饭相关的技能，但如果宝宝有机会练习抓食物等动作，他们就会比用勺子喂养的宝宝更早也更快掌握吃饭的技能。以下是宝宝发展吃饭技能的自然顺序：

- 含住妈妈的乳头；
- 伸手去够感兴趣的东西；
- 抓起东西并放进嘴里；
- 用嘴唇和舌头来探索东西；

- 咬下一块食物；
- 咀嚼；
- 吞咽；
- 用大拇指和食指抓起小块的物体。

从一出生开始，宝宝就有能力用自己的方法找到妈妈的乳房，并含着乳头吸奶。所有正常、健康的足月宝宝，一出生就拥有这样的生存技能。他们还有最基本的吞咽反射，即如果妈妈将乳头或奶嘴送进宝宝的嘴巴后部，就会激发宝宝的吞咽机制。

大概从3个月开始，宝宝开始发现自己的小手。他们能够看到自己的小手，并在面前挥舞和研究它们。如果有任何东西碰到他们的手掌，他们就会自然地握拳。逐渐地，他们会有意识地把手拿到嘴边。这个时候，他们的肌肉控制能力还不是很协调，因此他们的手经常会打到脸，或者会很惊讶地发现自己手上原来抓着东西。

大概从4个月开始，宝宝可以伸手去够取他感兴趣的东西。随着运动协调能力越来越好，他开始能够准确地移动自己的手和胳膊去抓取感兴趣的东西，并送到嘴边。他的嘴唇和舌头很敏感，宝宝可以通过它们来探索日常物品的味道、材质、形状和大小。

6个月之后，大部分宝宝都可以伸手够取容易抓住的物体，把它们握在手里，然后非常精准地送进嘴里。如果这时宝宝有机会看到食物，并被允许伸手去抓食物（而不仅仅是玩具），他就会把食物送进嘴里。尽管这看起来是在喂自己，但事实上他并不会真的把食物吞下去，而只是在用嘴唇和舌头探索食物。

6~9个月时，宝宝的几项能力会一个接一个逐步得到发展。一开始，宝宝学会用牙床或牙齿咬下一小块食物。不久之后，他就学会把咬下的食物在嘴里放上一段时间。此外，由于宝宝嘴巴内部的空间大小和形状发生了变化，他开始对舌头有了更好的掌控，能够在口腔里移动并咀嚼食物。但在这个阶段，大部分情况下，只要宝宝是站立或坐直的，这些被嚼碎的食物都会被吐出来，而不是咽下去。

BLW故事

如果不是阿恩自己表现出来，我完全不确定自己是否会实行宝宝自主进食的方法。当阿恩差不多6个月大时，他经常坐在我的大女儿伊薇旁边。有一天，伊薇正在看电视，阿恩一把抓过她的酵母酱三明治，并咬了一口。酵母酱很咸，不是吗？再也没有比这个更加禁忌的宝宝第一口食物了。但这是他自己的选择，不是我让他这么做的。他吃到了自己想吃的，所以很开心。

这和我喂大女儿伊薇的情况完全不同。我们在她大概5个月的时候开始添加辅食，就此噩梦开始了。我还清楚地记得，第一次喂她时我哭了。那时她还无法很好地坐着，因此我把她放在躺椅上，喂进去的辅食泥大部分都从她的嘴角流出来了。而天知道我花了多少精力才挤出自己的母乳做成这些辅食泥！

有了这样的经历，当第二个孩子阿恩出生后，我和老公决定不再急于给他添加辅食。当他吃了姐姐的那一口三明治后，我们开始试着用勺子喂他一些糊状的辅食，但他并不喜欢被我们喂着吃。于是我们想，为什么不直接给他块状食物呢？

阿恩一开始可以吃煮熟的西蓝花，然后是胡萝卜，再然后是肉类。相比我的女儿伊薇，他的辅食摄入要均衡得多，对于食物的自我调节能力也更强。伊薇在每个阶段总有一些不愿意吃的食物，我们需要花费很多精力来哄她吃，这些经历太折磨人了。相比之下，阿恩的辅食添加经历轻松很多。所以，我们现在将这个方法用在了第三个孩子乔治身上。

——波莉，伊薇（6岁）、阿恩（4岁）和乔治（6个月）的妈妈

无论是喝母乳还是配方奶时，宝宝通过吮吸就能直接把奶送到嘴巴后部，然后喝下去，而固体食物则无法通过吮吸被送到嘴巴后部，需要口腔肌肉主动将其运送到嘴巴后部，然后再吞咽下去。口腔肌肉要完成这个动作，宝宝必须首先学会如何啃咬和咀嚼。这意味着在辅食添加最开始的一两周，宝宝吃进去的任何食物最终都会被吐出来。只有当他的舌头、脸颊和下巴的肌肉能够协调运作后，宝宝才会吞咽。这个过程其实是在帮助宝宝降低被呛的可能性，不过该安全机制只有在宝宝自己喂自己时才会奏效——因为对于用勺子喂食的宝宝而言，食物直接被送到嘴巴后部，宝宝无法自己控制嘴里的食物。

在9个月左右，宝宝学会用大拇指和食指捏取小块的物体（或者食

物）。在没有学会这个技能之前，他无法抓起任何小块的食物（比如葡萄干或豌豆），更别提送到嘴里了。

如果每顿饭都允许宝宝自己喂自己，他就有很多机会去练习这些能力，因此很快就能自信和熟练起来。就像宝宝做好准备就会自己走路一样，当他们做好准备就会开始吃固体食物——前提是我们需要给他们提供练习的机会。

大部分关于辅食添加的研究，都关注何时添加和添加哪些食物的问题，而宝宝能力发展程度与他们吃固体食物之间的关系，却被极大地忽略了。本书的作者之一吉尔·拉普利，通过观察宝宝如何处理食物，发现宝宝本能地知道自己什么时候准备好吃固体食物，而且他们会自然而然地发展自主进食的技能。

当有人向我介绍宝宝自主进食的方法时，我的第一反应就是："当然——这种方法非常合理！"我有第一个宝宝时，并没有想到使用这种方法，现在觉得自己那时候很蠢。因此，对于第三个孩子约翰，我们从一开始就相信他可以自己喂自己。在两个较小的孩子身上验证了这种辅食添加的方式是完全可行的。你不需要在勺子喂养的基础上额外给他提供手指食物，直接让孩子吃固体食物就是最好的方式。

——丽兹，希瑟（8岁）、埃德温（5岁）和约翰（20个月）的妈妈

宝宝自主进食和母乳喂养

不管是母乳喂养的宝宝，还是人工喂养的宝宝，自主进食的方法都是非常自然的。所有的宝宝从出生开始就对周围的环境充满好奇，从大概5个月开始，他们就开始试着抓住东西送进嘴里。不过相比较而言，母乳喂养能够更好地帮助宝宝为接受固体食物做好准备。这是因为：

◆ 母乳喂养的宝宝就是在妈妈的乳房上自己喂自己。尽管妈妈喂宝宝吃母乳时需要用合适的姿势抱着宝宝，但其实宝宝是在自己喂自己，他们需要自己吮吸乳房，吃饱后自己会松开嘴巴。事实上，当宝宝不想吃的时候，我们无法强迫宝宝去吃母乳（相信大部分妈妈都曾尝试过，也都失败过）。因此，母乳喂养的宝宝在没开始添加固体食物之前，就已经学会了自己喂自己。与之相反，人工喂养的宝宝则更加依赖妈妈，习惯让妈妈做主导——他等着妈妈把奶嘴放进他的嘴巴里，并期望妈妈保持这种状态直到他吃饱。

◆ 母乳喂养的宝宝总是能够掌控全局。宝宝在吃母乳时，根据自己饥饿和口渴的程度，他们可以自己决定吃多少和吃多快。相反，人工喂养的宝宝的喝奶节奏则主要由奶嘴上面孔的大小来决定。不仅如此，人工喂养的宝宝很容易由于被迫而吃过量的奶，因为只要转动一下奶嘴，他就会继续吮吸（就像膝跳反射一样，吮吸反射也是无法避免的条件反射）。

◆ 母乳喂养的宝宝动用嘴巴肌肉的方式与人工喂养的宝宝不同。母乳喂养的宝宝喝奶时的口腔肌肉运动方式与咀嚼很相似，而人工喂养的宝宝的肌肉运动则更像是通过吸管在吮吸。因此，人工喂养的宝宝的口腔并没有为咀嚼固体食物做好准备。这就意味着，人工喂养的宝宝需要花费更长的时间来学习如何咀嚼。

◆随着妈妈的饮食变化，宝宝每一顿的母乳味道都是不同的。因此，母乳喂养的宝宝从一开始就习惯了各种不同的口味，而人工喂养的宝宝每顿奶的味道都是一样的。这意味着母乳喂养的宝宝更容易接受辅食的不同口味，因此会更愿意尝试新食物。与之相反，人工喂养的宝宝通常一次不愿尝试过多的新口味。

尽管说母乳喂养的宝宝转换到自主进食的过程非常自然，但这并不意味着该过程对于人工喂养的宝宝来说就很难，他们只是需要花费更长的时间而已。另外，在宝宝自主进食的某些方面，针对人工喂养的宝宝所使用的方法会稍微有些不同，比如如何喂水，如何根据辅食量的增加减少奶量等。但这种方法的总体理念对所有宝宝都是适用的。

很多在宝宝6个月之前完全实行母乳喂养的妈妈发现，她们的宝宝很容易用自主进食的方法开始添加辅食。同时，她们还继续坚持母乳喂养，保留母乳喂养的健康优势。

——妮基，母乳喂养师

父母不应打断宝宝自主进食的进程

宝宝从一出生就会从妈妈的乳房吸奶，并且大部分父母都不希望等宝宝两三岁时还需要被喂着吃饭，他们希望宝宝可以自己喂自己。因此，如果在宝宝6个月时引进勺子喂养的方式，就等于打断了宝宝自我进食的自然进程，这是不合理的。而在这之后，父母又需要决定何时才能让宝宝进行自我进食。

事实上，从6个月起，宝宝就有能力喂自己吃固体食物，父母完全没必要进行干预——比如先用勺子喂食几个月，再让宝宝学着自己吃。其实宝宝自始至终都可以自己喂自己。

宝宝最初吃食物的动机并非是饿

6个月的宝宝将食物送进嘴里，其动机跟饥饿完全没有关系。宝宝很喜欢模仿他人的行为。一方面是因为宝宝很好奇；另一方面是因为本能告诉他们，这样做才能保证他们做的事情是安全的。因此，当宝宝想拿父母手里的食物时，我们不应该感到惊讶。

宝宝的大部分（甚至全部）发育过程都是跟生存相关的。宝宝需要知道哪些食物是有毒的，哪些食物是安全的，因此他们会仔细观察父母把哪些东西放进了嘴巴里。这种本能与宝宝学习如何运用胳膊和手去抓物体的时间基本同步。

宝宝具有很强的好奇心，一旦他想抓住某个物体，就会反复练习直到抓住为止。当他真的可以抓起这个物体时，他总是会将它送到嘴里进行探索和尝试。因此，当宝宝第一次将食物送进嘴里时，他只是把它看作普通的玩具或其他物体。在没有把食物送进嘴巴之前，他不知道食物是有味道的，甚至不知道它是可以吃的。如果他咬下一小块后，就会用牙床用力地咀嚼，去探索食物带来的感受和味道。他通常不会将食物咽下去，一方面是因为他没有这个意愿，另一方面是因为他还没有这个能力。他还无法将食物有意识地送到嘴巴后部。假如宝宝是坐着的，也没有被其他事物分心，那么食物就不会碰巧滑到宝宝的嘴巴后部，而是被宝宝吐出来。

如果宝宝被允许将食物送到嘴里，那么在他开始学会吞咽之前，他就会了解各种食物的性状和味道。渐渐地，他就知道食物可以让他消除饥饿感。当他把食物和饥饿联系起来之后，进食的动力也会随之改变。这个转变通常发生在8个月～1岁，这个时间点不早不晚，正是他的身体真正需要从食物中得到营养的阶段。

TIPS

- 宝宝将食物放进嘴巴的动机是好奇和模仿，而不是饥饿；
- 在辅食添加刚开始的几个月，食物只是用来学习的。

额外的营养需求

一直以来，都有一种传言：在宝宝6个月左右，母乳的营养成分就会改变，以至于无法满足宝宝的营养需求。事实上，不管宝宝是6个月还是2岁，母乳的营养成分都相差无几，改变的只是宝宝对某些营养物质的需求。对婴幼儿来说，母乳一直都是营养最均衡的食物。

宝宝出生时带着在妈妈子宫里所储备的营养。从宝宝出生开始，这些储备就逐渐被消耗，而母乳提供的营养可以及时补充被消耗的营养。从6个月开始，这种平衡被打破，宝宝逐步开始需要从膳食中获得更多的营养，而不能仅仅依靠母乳或者配方奶。

需要指出的是，6个月时，大部分宝宝才刚刚出现这样的营养需求。大部分足月的健康宝宝有足够的营养储备（例如铁元素等）来帮助他们度过前6个月，这些营养储备不是一夜之间就被消耗完的。但他们仍然需要在6个月左右开始添加固体食物，以发展进食的技能，来适应各种不同的食物以及新的口味，从而为将来完全依赖固体食物来获得营养做准备。

宝宝对于更多营养需求的逐步增长，与他们逐渐发展的自主进食能力是同步的。因此在6个月左右，即他们还有足够的营养储备时，几乎所有的宝宝都已经学会抓住食物并送进嘴巴里。在大概9个月，即宝宝的身体需要更多的营养时，大部分自主进食的宝宝已经具备了成熟的进食技能，可以吃下大部分的家庭食物，以满足他们身体额外需要的营养。大部分实行自主进食方法的父母都反馈，从这个月龄开始（尽管每个宝宝有个体差异），宝宝的进食更有目的性了。宝宝似乎本能地知道，除奶以外，他们的身体还需要其他食物。

逐渐断奶

为了让宝宝吃更多的辅食，很多父母总认为需要减少宝宝的奶量，其实奶量的减少不应该进行得过快。在宝宝6～9个月时，应该在保证奶量跟以前基本持平的情况下，逐步增加辅食量。宝宝9个月以后，应该逐步减少奶量，这时固体食物逐渐开始成为主角。如果一开始就允许宝宝自己决定何时开始吃固体食物，并且掌控辅食添加的节奏，他自然而然就会需要更少的奶量和更多的辅食。

从开始添加固体食物到最终完全断奶的过程，宝宝之间的个体差异非常大。有些宝宝从一开始（6个月）就可以直接吞咽，到9个月时，他们就能够非常熟练地自主进食，从而自动减少奶量。而另一些宝宝的进展速度则非常缓慢，最初他们对固体食物更多的是探索而不是吃，可能到10个月甚至12个月大时，这些宝宝所吃的辅食量还是很少。

当然，还有很多宝宝介于这两个极端之间。有些宝宝一开始对自主进食热情满满，但几周后开始放缓节奏。还有一些宝宝花很长时间才开始对固体食物感兴趣，不过一旦感兴趣之后，自主进食的能力就会突飞猛进。

在实行自主进食的过程中，大部分宝宝都会经历几个高速发展期，在此期间他们的进食能力进步很快。但在两个高速发展期之间，会出现好几周没有任何进步的停滞期。这样的情况是完全正常的。这跟父母主导的发展平稳、循序渐进的喂食物泥过程相去甚远。

> 对于传统的辅食喂养方法，我最不赞同的就是它设置了很多宝宝必须经历的阶段。而宝宝自主进食的方法一开始就把所有的阶段都呈现给宝宝。
>
> ——海伦，营养师

锻炼咀嚼能力

宝宝运用嘴巴的能力，是随着其他能力一起成熟起来的。咀嚼、吞咽和说话的技能都依赖于嘴部肌肉（包括舌头）的协调运动。小月龄宝宝天生就会调动这些肌肉来吮吸妈妈的乳房或奶嘴。如果要提前给宝宝添加辅食，就只能给他们提供非常稀软的食物，因为吮吸是他们的嘴巴唯一能做的动作。

很多人都认为，在宝宝接触真正的固体食物之前，需要有一段时间先用勺子喂食，其实并不需要这样。当宝宝的嘴巴逐渐发育成熟，他们自然就有能力进行咀嚼。特别是从出生就开始的母乳喂养，能够很好地锻炼宝宝嘴部的肌肉，为今后的咀嚼和说话做准备。

在过去，人们认为宝宝需要先适应勺子，然后才能适应大颗粒的食物，这种观点也是不正确的。小月龄宝宝有“推舌反射”，即他们会无意识地用舌头将除乳房或奶嘴之外的东西推出嘴巴。这是一种自我保护机制，目的是防止任何固体食物被吞咽或吸入。早期的勺子喂养在某种程度上破坏了“推舌反射”的机制，这正是在添加辅食的初期阶段，很多父母发现用勺子喂食很难的原因。其实不管宝宝是否被用勺子喂食，推舌反射大概在宝宝4～6个月时都会逐渐消失。因此，长期以来被当作“宝宝需要用勺子喂养”的证据，事实上只是因为宝宝的推舌反射消失了而已。

同样地，宝宝也不需要学习咀嚼，他们会自然而然地发展这种能力，因此完全没必要通过让他们从细腻的辅食泥开始，逐渐过渡到糊状食物和块状食物来“教”他们如何咀嚼。

宝宝不需要牙齿就能咀嚼

6个月左右的宝宝，通常只有一两颗牙齿。但不管有几颗牙齿，都不会影响他们啃咬食物的能力，因为他们是用牙床来啃咬的。当然，是否有牙齿也不影响他们的咀嚼能力（不过，需要等到长出很多牙齿之后才能吃较硬的食物，比如生胡萝卜）。其实，宝宝的牙床很擅长啃咬和咀嚼——任何母乳喂养的妈妈都曾被正在长牙的宝宝咬过！

“奥蒂斯还没有长出牙齿。我的另外两个孩子也是到1岁左右才开始长出牙齿。因此，我知道宝宝不需要用牙齿就可以咀嚼。在1岁左右，他们就可以吃正常的家庭食物了。”

——萨迪，艾伦（9岁）、托马斯（5岁）和奥蒂斯（8个月）的母亲

作为成人，我们对如何运用嘴巴肌肉太习以为常了。但是你如何把口香糖从口腔的一边送到另一边，如何用舌头把樱桃的果肉和果核分开并把果核吐出来，如何把鱼刺或碎食物从牙缝中剔除，这些都是非常复杂的口腔运动。学会如何在嘴巴里移动食物非常重要，这不仅有助于宝宝学习吃饭和说话，也有助于进食安全和口腔卫生。而锻炼这个技能最好的方法，就是让宝宝多尝试不同性状的食物。

不只是食物的味道，食物的不同性状也能增加宝宝吃饭的乐趣。想象一下，如果食物都是一成不变的性状（特别是泥状的），对成人来说是多么无趣啊！松脆的食物、耐嚼的食物、黏稠的食物、流质的食物……这些不同性状的食物会让嘴巴充满新奇有趣的感觉，并且也需要嘴巴用不同的方法来处理这些食物。宝宝尝试不同性状的食物越多，就越能熟练地处理这些食物，从而也更愿意尝试新的食物。

所谓的“黄金期”

有一种说法认为，宝宝接受新味道和新性状食物的“黄金期”是4~6个月大。如果错过这个时期，宝宝就不容易接受固体食物，最终将导致辅食添加不顺利和断奶困难。这个误区产生的根源来自一个事实，即对6个月以后的宝宝进行勺子喂食要比早接触勺子的宝宝更困难。

然而，因为勺子喂养的观念被人们普遍接受，几乎没人质疑过宝宝排斥勺子的原因。事实上，宝宝排斥勺子也许是因为喂养的方式不当，而不是因为食物本身。6个月以后的宝宝如果被允许自己喂自己，大部分都非常热衷于尝试新的食物，并且很容易成为自立自强的“小大人”。所以，如果真有所谓让宝宝更容易接受新口味和新性状的“黄金期”，那就是宝宝6个月左右，即宝宝能够自发地把食物放到嘴里的时候。

吃饱但不吃撑：学会控制自己的胃口

知道什么时候吃饱，是预防肥胖、控制体重很重要的手段。不管你是成人还是孩子，吃饱就停下来都是一种常识。但事实上，很多孩子，甚至是大人都无法做到这一点。

很多家长担心自己的宝宝吃不饱。提到食物，人们常常将其跟营养和爱联系在一起：我们都希望告诉孩子我们有多爱他们，于是喂养就成为表达爱意的一种方式。当宝宝不吃我们精心为他们准备的食物时，我们会有一种被拒绝的感觉。父母的这种情感，再加上对宝宝胃口大小不切实际的预期，导致很多宝宝长期被过度喂养。这意味着宝宝需要学习如何吃得更多，在一些极端情况下，宝宝会拒绝进食，甚至产生食物恐惧症。这种情况下，何谈让宝宝学习控制自己的胃口？

勺子喂养的方式，更容易导致宝宝被过度喂养。而自主进食的宝宝自己会控制食量——当他们吃饱之后就会停下来。也就是说，他们只吃身体所需要的食物量，不会多吃。

吃饭的速度也很重要。自主进食的宝宝，会按照自己的节奏来吃饭。很多父母都会惊讶于宝宝需要花费那么长时间来咀嚼每一口食物。让宝宝自己决定吃多少和吃多快，不仅能让吃饭过程更加享受，也能让宝宝更容易察觉到自己是否吃饱。与之相反，勺子喂养会迫使宝宝吃得很快，这会妨碍他们接收吃饱的信息。无论对于成人还是儿童，吃饭过快都是导致肥胖的另一个重要原因。

艾琳对食物有一种很健康的态度。她能够控制自己的胃口——饿了就吃，饱了就停。当今社会的饮食习惯太糟糕了，很多人甚至都没有意识到这是多好的一种习惯。

——朱迪思，艾琳（2岁）的母亲

我发现用勺子喂养很难让我知道特里斯坦是否真正吃饱了。他不想吃到底是因为已经吃饱，还是因为他想从我手中夺过那个勺子？

——安得烈，特里斯坦（4岁）和马德琳（7个月）的父亲

宝宝会被呛到吗

很多家长（特别是祖父母和其他人）都担心宝宝自己喂自己会被呛到。只要宝宝是坐着吃饭，同时是自己控制进入嘴巴的食物，那么宝宝自主进食和传统的用勺子喂养导致被呛的风险是一样的，有时前者的风险反而更低。

很多人之所以有这种担心，是因为他们看到宝宝自己吃饭时发生了干呕，于是就把干呕和被呛混为一谈。这两种机制互相之间有关联，但它们并不是同一件事。如果食物太大导致无法吞咽，宝宝通过干呕会把食物从气管推出。这时，我们就会看到宝宝张开嘴巴，伸出舌头，有时会有一小块食物出现在嘴巴前部，有时还会有少量呕吐物。这个过程并不会影响到自主进食的宝宝，很多时候他们干呕之后会继续愉快地进食，就像什么都没发生过一样。

对于成人来说，干呕发生在舌头后部——你需要把手指放在接近喉咙的部位才能激发干呕。但对于6个月的宝宝而言，干呕的触发点很靠前。因此，宝宝不仅比成人更容易发生干呕，而且发生干呕时食物离气管还有较远的距离。所以，六七个月的宝宝发生干呕，并不是说食物已经接近气管，因此他们被呛到的风险比成人更小。

干呕反射也是宝宝自我保护的一种机制，它能够帮助宝宝更加安全地学习进食。当宝宝一次吃太多食物，或者把食物放在嘴巴太靠后的位置，就会出现干呕。当干呕发生过几次之后，他就学会如何去避免它（比如一次不能吃太多，食物放进嘴巴时不能太靠后等）。等他慢慢长大后，不管他是否经历过自主进食的过程，干呕的触发点都会逐渐移向舌头后部。这时，只在食物很靠近气管时才会发生干呕，所以干呕的次数就会慢慢减少。

不过，当干呕的触发点越来越接近成人的位置时，它的预警效果就会越来越差。因此，如果宝宝早期没有体验过自主进食，那么他就错过了学习如何保证食物不要太靠近气管的机会。坊间证据表明，被用勺子喂养的宝宝，开始吃固体食物时（大概8个月左右）发生干呕和被呛的概率比经历过自主进食的宝宝多得多。

如此看来，宝宝干呕不仅不应该成为父母的顾虑，反而是宝宝安全的一种反应特征。不过，保证干呕机制有效运转的前提是宝宝吃饭时必须是坐直的，这样发生干呕时食物才能被推到嘴巴前部，而不是滑到嘴巴后部。

干呕、被呛和勺子喂养的关系

很多宝宝发生干呕或者被呛都是勺子喂养导致的，特别是用勺子喂宝宝吃块状食物时。为了更好地理解这个问题，想象一下你用勺子喝西红柿汤和吃早餐麦片的不同之处。如果你像喝汤那样去吃麦片，麦片就会直接到达你的喉咙深处，你很快就会咳嗽并且把麦片溅射出来。当宝宝被用勺子喂食时，他们就像成人喝汤那样把食物吸进去，因此更容易发生干呕或者被呛。

当气管被全部或者部分堵塞时，就会发生窒息。当气管被部分堵塞时，宝宝会自发地通过咳嗽来排出堵塞物，这个方法通常很有效。在极少数情况下，气管会被全部堵塞，这时宝宝就无法自行咳嗽，而是需要其他人采用急救手段来帮助清除气管中的异物。

咳嗽和溅射出堵塞物，看上去和听上去都非常可怕，但其实这也是宝宝进行自我保护的一种方式。相反地，如果宝宝真的发生窒息，通常他不会咳嗽——因为没有空气可以通过他的气管。正常的宝宝通常都有很强的咳嗽反射，只要他们在进食时是坐着或身体是前倾的，在咳嗽时最好不要打扰他们，让他们专心地排出堵塞物。

刚开始，当艾萨克吃饭时咳嗽起来，我们几乎跳了起来，赶紧把他从餐椅上抱下来，并不停地帮他拍背。但当我们停下来并看到他做的事情之后，我们认识到，如果给他时间让他自己咳嗽，食物总是会被吐出来，接着他会继续开心地吃起来。

——露西，艾萨克（8个月）的母亲

增加窒息概率的两大因素：

- 由其他人将食物或者饮料送到宝宝嘴里；
- 宝宝进食时，身体是向后而不是向前倾斜的。

如果有人拿着碗和勺子接近你，试图用勺子喂你吃东西，你通常会让他们停下来，以确认他们喂给你的是什么东西以及勺子里面有多少食物。这样你就能够把握食物何时进入你的嘴巴，以及如何处理它。这种观察可以让你提前准备好如何处理即将进入嘴巴的食物，从而有效预防窒息的发生。

如果你是向后斜躺的，有人用勺子喂你就会非常危险。因为在你还没准备好吞咽时，重力就会让食物滑到你的嘴巴后部。当我们把这些例子用在成人身上时，就会非常清楚地认识到，人在进食时需要也应该由自己掌控进食的整个过程。这些对于宝宝也是适用的。

当宝宝自己把一块食物放进嘴巴时，他就开始控制食物。当他有能力咀嚼时，就会开始咀嚼；当他有能力把食物送到嘴巴后部时，就会把食物吞咽下去。如果他没有能力做这些，只要是坐直的，他就会把食物吐出来。让宝宝自己喂自己，意味着由宝宝掌控整个进食过程，而这可以让他们更加安全。

宝宝手部能力和嘴巴能力的协调性，也能够让自主进食的过程更加安全。6个月大的宝宝第一次自己喂自己时，对于那些他不能用舌头在嘴巴里自由移动的食物，比如葡萄干、豌豆等，他也没有能力将它们捏起来，所以这些小颗粒食物很难进入他的嘴里。当大一点儿（大概9个月）之后，他能用大拇指和食指捏起较小的物体。这时，只要让他练习喂自己吃不同材质的食物，他的咀嚼能力就会得到很好的发展。这意味着当他能够拿起葡萄干并放进嘴里时，他已经具备了吃它的能力。在宝宝发育过程中，这两大能力的有机结合，保证了宝宝自主进食方法的安全性。

因此，只要宝宝进食时是坐直的，可以自己掌控进食的过程，而且提供给他的食物没有窒息的危险，我们就没有理由担心自主进食导致宝宝窒息的风险比其他方法更大。

莫哥斯是用勺子喂养的，有时会因为嘴里食物太多而干呕，有时差点被呛到。这经常发生在喂他吃肉类食物时。有一次，我老公需要从他嘴里把鱿鱼扯出来。还有一两次，我需要帮他拍背。利昂是用自主进食方法添加辅食的，他也干呕过几次，但从来没有被呛到过。

——乔伊，莫哥斯（6岁）和利昂（3岁）的母亲

宝宝真的知道自己需要吃什么吗

实行自主进食的宝宝，在吃饭时间被允许选择自己想吃或需要吃的食物。他们的父母常常惊讶地发现，从整个一周的饮食情况来看，宝宝自己选择的食物营养搭配是非常均衡的。到目前为止，关于宝宝是否真正知道自己需要吃什么的研究很少。不过，美国儿科医生克拉拉·戴维斯在1920～1930年所做的一项试验或许可以带给我们一些启发。

在研究期间，很多孩子拒绝吃那些对他们身体有益的食物。对于孩子该吃什么、该吃多少以及多久吃一次，大部分儿科医生都会对孩子的家长提出严格的要求。然而，克拉拉·戴维斯医生却怀疑，这样严格的标准正是导致宝宝拒绝吃食物的罪魁祸首，如果家长强迫喂食，则会让情况更加糟糕。于是，他提出一个理论，即宝宝本身最了解他需要吃什么食物。

他为婴幼儿设计了一份“自主选择菜单”，想看看如果让宝宝自己做选择，他们会选择哪些食物。他研究了15名孩子从6个月至4岁半的情况。在试验开始时，所有孩子都介于7～9个月，并且在此之前他们都是纯母乳喂养的。

所有孩子都被提供了共计33种食物，每个孩子每顿饭的情况稍有差别。每份食物都是分开的，食物都是泥状的，并且没有经过调味，不提供诸如面包和汤混在一起的食物。

这些孩子可以选择他们喜欢吃的任何食物，而且不限量。他们可以自己喂自己，也可以自己指出想吃什么，然后由保姆用勺子喂给他们，但保姆不能干预他们的任何选择。如果宝宝吃完一整份某种食物，会再提供一份给他，直到他决定不吃为止。

每一顿饭都有非常详细的记录，以保证调查者清楚地知道每个孩子吃了什么。同时，每个孩子会定期做血样、尿样和X光检查，以确保他们健康状况良好。

在试验结束时，戴维斯医生发现，每个孩子都主动选择了营养均衡的饮食组合。即使那些一开始有些挑食的孩子，最后也变得非常健康。这些孩子所吃食物的种类和数量，甚至比该年龄段正常要求的更加合理。这些孩子的体重增长均高于平均值，而且很少患免疫性疾病（比如佝偻病）以及当时流行的小儿常见病。

然而，每个孩子选择的食物组合却是截然不同和毫无规律的，甚至都无法从这15个孩子的饮食中形成一个“平均”的饮食餐单。比如，有些孩子喜欢吃很多水果，而有些孩子更爱吃肉；对食物疯狂热爱而大吃大喝的现象也很常见（有个孩子一天之内竟然吃了7个鸡蛋！）。但所有孩子都愿意尝试不熟悉的食物，而且没有一个孩子选择以牛奶和麦片为主的饮食，而这恰恰是当时建议的宝宝辅食食谱。

根据克拉拉·戴维斯医生的解释，这些孩子之所以都很健康，部分原因是试验所提供的所有食物都是很有营养并且没有被过度加工的，以确保它们没有过高的油脂和糖分。但只提供一系列有营养的食物，并不能保证孩子们就能得到均衡的营养。因为他们可能会挑食，比如不吃肉或者不吃水果、蔬菜，这些都会影响健康。但结果发现，所有的孩子对每种食物都吃了合适的量，从而实现了非常好的营养均衡。

不过，这个试验的结果并不能有效证实克拉拉·戴维斯医生的理论是正确的。这只是一个小样本的研究，并且原始数据已经遗失。更重要的是，这个试验无法复制，因为他的试验方法在如今看来是不人道的。但这个试验在当时很有影响力，在1940～1950年，该试验被收录于本杰明·斯波克博士的几本最畅销的育儿书中。后来，限制宝宝饮食的观点逐渐被淘汰，另一个观点——为宝宝提供丰富、多样化的饮食结构，却被保留下来。不过，允许宝宝自己选择吃什么的观点并没有流传下去，这很大程度上是因为，在之后的年代里，宝宝从三四个月就开始添加辅食，而这个阶段的孩子根本没有能力自己做出选择。

BLW故事

每次我吃东西时，都会把我的第二个孩子萨斯基亚放在我的大腿上。在不足6个月时，她就开始有意识地去够取我餐盘中的食物。她非常开心地抓住食物，并放进嘴里。我们几乎没有多想，就开始实行自主进食的方法。直到后来我才知道，原来这是很多人都使用的一种喂养方式，它还有自己的名字。这个方法很简单，而且一代又一代的父母都在使用这种喂养方式，特别是第二个孩子，更容易使用这种方法。

现在回想起来，我们的第一个孩子莉莉也曾有过伸手够取食物的经历，但那时我们还是按照传统的喂养方式用勺子来喂养她。每次吃饭时，我和老公都需要轮流换班，一个先吃，另一个

> 喂莉莉。
>
> 宝宝自主进食的方法更容易、更快捷，当然也更乱。是的，非常乱。但用勺子喂养却更复杂，更容易让我焦虑。此外，用勺子喂养的方式很烦琐，要先准备食物，然后喂宝宝吃，最后再进行清理。这种方法完全是以食物，尤其是以食物泥为导向的。而宝宝自主进食则能让宝宝更享受吃饭和玩食物的过程，一切都显得更加轻松。
>
> ——苏珊娜，莉莉（3岁）和萨斯基亚（14个月）的母亲

常见问题

 问题1　我的宝宝能够获得足够的营养吗？

你的宝宝是否会获得足够的营养，取决于你和你的宝宝。无论采取哪种方式喂养宝宝，你都需要给宝宝提供营养均衡的食物。宝宝自主进食方式的不同之处在于，宝宝最终吃什么是由他自己决定的。

一直以来都有一种误解，即认为被父母喂食的宝宝能吃得更加健

康，而自主进食的宝宝则会选择吃巧克力和薯片等不健康的食品。事实上，情况却完全相反。很多用勺子喂养宝宝的父母反映，他们的宝宝总是对健康的食物不感兴趣。为让宝宝吃上健康的食物，他们常常需要耍一些小伎俩，比如绞尽脑汁地把蔬菜“藏”在食物里，在电视机前喂宝宝（这样他们就不会在意吃的是什么），用奖励诱惑他们吃蔬菜等。而采取宝宝自主进食方法的父母却说，他们的孩子不需要任何劝说就会吃多种多样的食物，包括那些大部分宝宝都会讨厌的食物，比如卷心菜等。

有研究证实，如果提供机会给宝宝，他们会很自然地选择吃健康的食物，并吃合适的量。尽管这个研究的有效性还需要进一步证实，但有越来越多的事实证明，大部分挑食的孩子都来自那些父母主导辅食添加过程的家庭。此外，同时尝试过勺子喂养和宝宝自主进食的家长都说，他们再也不会选择传统的辅食添加方式，因为实行自主进食的孩子饮食习惯远远好过用勺子喂养的孩子。

威廉从来没吃过食物泥，整个辅食添加的过程很成功。他不像哥哥塞缪尔那样挑食（塞缪尔是用勺子喂养的）。他爱吃的一些食物，大部分孩子都不愿意碰。比如，他爱吃黑胡椒和辛辣的食物。人们都觉得，与其他孩子相比，威廉吃的食物种类之广令人惊讶。他愿意尝试任何食物。

——皮特，塞缪尔（5岁）、威廉（2岁）和

爱德华（6个月）的父亲

问题2 辅食泥不是应该更容易消化，因此更有营养吗？

食物以泥的状态进入胃里，的确会比大块食物更容易消化。但嘴巴天生就是用来咀嚼食物，并把食物变成泥的。事实上，被充分咀嚼后的食物，比用辅食机打成泥的食物更容易被消化。这是因为咀嚼过程中产生的唾液会促进食物的消化吸收，特别是淀粉类食物。

如果宝宝被允许按照自己的节奏吃饭，那么在食物被吞下去之前，会在他们的嘴里停留较长的时间。这段时间内，唾液会将食物充分软化，牙床会将食物充分磨碎。而食物泥几乎没有和唾液接触的机会，直接从勺子上被吸到喉咙后部，完全没有经过咀嚼就被吞咽下去。

此外，在将食物（特别是水果和蔬菜）打成泥的过程中，很多营养物质会遭到破坏。当食物被切开后，一部分维生素C就会通过裸露的表面流失。因此，相比较大块的食物，提前打成泥的食物维生素C的含量较低。比如，一整个苹果的维生素C含量比苹果泥高很多。维生素C是很重要的维生素，因为它能促进身体对铁的吸收。由于身体无法储藏维生素C，所以人体每天必须保证一定的维生素C摄入量。

人们很容易根据宝宝的大便来判定食物泥更容易被消化，因为吃食物泥的宝宝的大便都呈泥状，而自主进食的宝宝的大便偶尔会出现几片小块但清晰可辨的蔬菜。事实上，这并不意味着宝宝吃下去的食物没有被消化，而是说明宝宝正在学习如何咀嚼，他的身体也正在适应固体食物。食物泥只是提供了一种假象，因为没有出现在大便里，所以被认为是全部消化掉了。

如果宝宝被喂得过快（这种情况很容易发生在用勺子喂养的宝宝

身上），他将错过学习充分咀嚼的机会。如果宝宝从一开始就被允许自己喂自己，而且吃饭时不被催促，那么他每次只会吃一小口，并且经过较长时间的咀嚼才将食物吞咽下去。这个过程对他的消化系统非常有益。

当然，对于咀嚼有困难的宝宝而言，食物泥无疑是很好的选择，但健康的宝宝和健康的成人一样，并不需要这样的食物。

问题3 哪些宝宝不建议以自主进食的方式引进固体食物？

自主进食的辅食添加方式，有赖于宝宝能力的正常发展，所以它并非适合所有的宝宝。那些运动发展延误、肌肉力量较弱，或者嘴巴、手、胳膊、后背有生理缺陷（比如唐氏综合征、脑瘫、脊椎裂等）的宝宝，也许更加适合用勺子喂养，或者使用勺子喂养与手指食物相结合的方式。为这类宝宝提供手指食物，还是非常有必要的，因为手指食物能够帮助他们发展那些对于他们来说很困难的技能。有些孩子的消化系统紊乱，需要特殊的食物，而这些食物通常很难做成大块让宝宝自己吃，所以也不适合自主进食的方法。但这类宝宝在吃其他食物时，需要鼓励他们尝试自己喂自己。

对于引进固体食物这个问题，早产的宝宝也有不同的需求。不过，这主要取决于宝宝早产时间的长短。怀孕至36周或37周出生的宝宝，可以被看作足月宝宝；但怀孕至27周出生的宝宝，绝对不能被称为足月宝宝。此外，很多早产宝宝不仅提前出生，而且特别瘦小或患有疾病，甚至导致他们早产的原因会持续影响他们之后的发展。因此，对于早产宝宝而言，引进固体食物的方法不能一概而论。

自主进食的方法之所以对足月出生的宝宝适用，是因为他的身体对辅食的营养需求与他的能力发展（可以自己喂自己）是相匹配的。因此，当他的身体需要额外的营养时（通常发生在6个月以后），他就有能力自己喂自己。早产宝宝的能力发展通常和他的矫正月龄相匹配。因此，如果宝宝提前6周早产，那么他就需要到大概7个半月（即矫正6个月）时才会对食物感兴趣，也才有能力把食物放进嘴里。不过，很可能在7个半月之前，他就需要一些额外的营养，因为他在子宫里没有足够的时间来储存营养。

扫描二维码
了解“矫正月龄”

现有的辅食添加知识中，关于早产宝宝对于辅食的需求问题涉及很少。特别是对于那些在有能力喂自己之前就需要添加辅食的宝宝，到底是应该给他们提供泥状食物（即有必要进行短期的勺子喂养），还是应该为他们提供营养补充剂，目前为止还不清楚。每个宝宝都需要区别对待，但没有理由限制那些不需要额外营养（或者通过药物来补充营养）的宝宝添加辅食，即使这意味着他们过了6个月后很久才对固体食物感兴趣。

总之，只要他们有兴趣，就应该鼓励6个月以上的宝宝用自己的手去探索食物，让他们尝试自己喂自己。但如果你的宝宝是早产儿，或者有生理或病理方面的特殊问题，在决定是否将宝宝自主进食作为引进辅食的唯一方式之前，请一定要咨询儿科医生、喂养师和语言治疗师的建议。

肖恩早产了4周。我曾经用勺子喂养洛娜，因此当我对肖恩使用宝宝自主进食的方法时，一切都是陌生的。一开始我觉得肖恩相比他的同龄人有点儿落后，因为他们都是足月宝宝。但使用BLW的好处在于，他有机会告诉我们他什么时候准备好吃辅食了。

——瑞秋，洛娜（14岁）和肖恩（4岁）的母亲

问题4 让宝宝掌控吃辅食的过程真的合适吗？

学会吃固体食物，是宝宝发展过程中很自然的一个阶段。如果宝宝会走路，我们肯定不会去控制他，那么当宝宝有能力自己喂自己时，我们为什么要去控制他呢？如果宝宝表现出想走路的愿望，没有家人会去阻止他，否则不仅是残忍的，而且是有害的。但是很多父母却没有意识到，他们会情不自禁地对宝宝表现出的进食本能进行负面的控制，阻止他们喂自己吃东西，不让他们在吃饭时自己做决定。

作为家长，对于喂养宝宝这个问题，唯一你需要控制的，就是为宝宝提供哪些食物以及多久提供一次。只要你给宝宝提供的食物是富有营养的，接下来就应该由宝宝自己决定吃什么、吃多少以及吃多快。

保证母乳喂养的宝宝摄入充足奶量最好的方式（同时将母乳妈妈出现健康问题的可能性降到最小），就是从出生开始就让他自己掌控吃奶这件事，包括多久吃一次、一次吃多长时间以及吃多快。这就是我们通常所说的按需喂养，或者宝宝主导的喂养。把这个概念运用到辅食添加上来，就是允许宝宝在从喝奶过渡到家庭饮食的过程中进行类似的掌控。这意味着他可以继续根据自己的饥饱感来决定自己需要吃多少。这

将为他今后提高对胃口的控制能力，以及建立对食物的健康态度打下良好的基础。

如果宝宝是人工喂养的，那么每次喝多少奶、每天喝几顿都是由父母来决定的。这种控制应该慢慢减少或被完全摒弃。那么，什么时候才是父母减少或摒弃控制最好的时机呢？为什么不从宝宝添加辅食开始呢？这是让宝宝根据身体的需求来发展进食本能的最好时机。

很多家长偏好用勺子喂宝宝或幼儿，仅仅是因为这样喂比让宝宝自己吃速度更快。但对成人来说，自己决定一顿饭吃多久是很重要的事情。有时，我们就是想放松下来慢慢享受食物；有时，我们又需要尽快吃完饭去干其他事情。没有人愿意把这个自主权交给别人，尤其是那个“别人”还是用勺子喂我们的人！匆匆忙忙吃饭，意味着无法好好享受食物，而且还会影响消化系统。而让宝宝按照自己的节奏吃饭，不仅会让他们的进餐过程更加愉快，还会降低肚子痛和便秘的概率。

控制宝宝如何进食，并不能让宝宝得到更好的营养，也不能让他养成良好的饮食习惯。事实上，这种情况下，更容易发生吃饭战争。宝宝的天性决定了他们对于新食物的接受过程很慢，他们需要时间来慢慢适应。对儿童饮食紊乱症的研究表明，不给宝宝足够的适应时间，会让他们害怕新食物。而通过其他方式来控制宝宝的做法，比如通过欺骗让宝宝接受一口甜食或一口咸的食物，会导致宝宝不再信任喂养的过程。

显而易见的是，在吃饭时催促孩子，会导致他们吃得过快，从而使食物得不到充分的咀嚼，甚至他们干脆不再继续吃了。而哄骗则教会他们过度饮食。在一些极端的情况下，这些做法会让宝宝出现厌食的情况。

很多青少年之所以出现进食问题，都源于家长的控制。面对这种问题，这些家庭的健康专家首先会要求家长“把决定权交还给孩子”。如果从一开始这个决定权就不被拿走，这些问题也许根本就不会出现。

> 我喜欢宝宝自主进食最大的原因，就是宝宝可以掌控吃饭的整个过程。我发现很多宝宝之所以出现进食功能失调，常常是因为他们对于吃饭没有掌控权。
>
> ——海伦，营养师

如何进行宝宝自主进食

“劳拉在吃到第一口食物之前，已经和我们坐在一起吃饭好几周了。她盯着我们的食物，看着我们把食物送进嘴里，然后跟着我们一起咀嚼“空气”。有一天，她从我手里拿起一小块面包，盯着看了一会儿之后，慢慢放进嘴里。一开始她没有对准嘴巴，戳到了脸颊，我当时几乎就要伸手去帮她，但最终她把面包成功放进了嘴里。她咂了几口面包，又吧唧吧唧嚼了几下，但其实她没有吃下任何面包。看到劳拉的表现，我的兴奋和骄傲之情简直无以言表。

——艾玛，劳拉（7个月）的母亲

做好准备工作

当宝宝接近6个月大时，你会发现，即使他还没准备好吃固体食物，但已经想参与到家庭的进餐过程中。这个月龄的宝宝充满了好奇心，如果你让他参与到你们正在做的事情当中，他会感到非常高兴。吃饭时，让宝宝和你们坐在一起，给他一只杯子或一把勺子让他玩，他将从中感受到正在发生的事情。当他的身体准备好吃固体食物时，他自然会让你知道。

实行宝宝自主进食时，你不需要额外准备任何工具。当然，如果你有一些宝宝专用的产品，会让你的生活更加轻松，但这些并不是必需的。如果说非要添置些什么，餐椅也许是第一个应该被推荐的。也有很多父母一开始让宝宝坐在自己的大腿上，让他从父母的餐盘里抓食物玩。不管采用什么方式，一旦宝宝开始探索食物，一定要保证宝宝是安全的（比如不会摔倒），并时刻处于竖直的位置（斜躺着吃东西是非常危险的，所以永远不要把宝宝放在摇篮或安全座椅上进食）。

普通、健康的家庭食物都可以给宝宝吃，因此不需要额外为宝宝准备辅食（关于哪些食物可以给宝宝吃，哪些食物则需要避免，请参见第4章）。此外，在一开始的几个月，不需要准备任何餐具，因为宝宝是用手抓食物吃的，只需要保证宝宝进餐时双手是干净的即可。

唯一你需要做好思想准备的，就是宝宝自主进食的方法会比较脏，尤其是在宝宝学习吃饭的最初几个月，会非常脏乱。

每次吃饭时，我都让詹姆斯坐在我的大腿上，他在大概7个月时开始伸手抓食物并放进嘴里。他吃的第一口食物是牛排，当时我做了一锅炖菜，给了他一块牛排，他不停地吮吸，好像还咬下了一点儿牛肉。他看起来很享受这个过程。

——莎拉，詹姆斯（2岁）的母亲

宝宝多大可以开始自主进食

尽管大部分辅食书都建议，在宝宝辅食添加的最初几周或者几个月，应该有一个时间表，但对于实行自主进食的宝宝而言，完全没有这个必要。传统的观点建议，宝宝三四个月时就可以添加辅食，一开始每天只添加一顿辅食，然后逐渐增加到一天两顿、一天三顿，这个阶段可以持续几周。三四个月大的宝宝消化系统还不太完善，不能很好地处理固体食物。而6个月以上的宝宝则不太可能对固体食物产生不良反应，因为他们的肠胃已经发育得较为成熟了。在宝宝6个月时，你需要做的就是自己吃饭时带上宝宝，包括早餐、午餐、晚餐和零食，但要注意避免让他在饥饿、疲累、情绪不好的时候吃饭。

你让宝宝坐着探索食物时，很关键的一点是保证宝宝不是很饿。因为在辅食添加的最初几周，“吃饭”和填饱肚子完全无关，宝宝更多的是在把玩和分享食物以及模仿大人的行为。这些都是宝宝学习的机会而不是真正在吃饭。对于宝宝来说，吃饭时间就是玩耍时间。这和传统的辅食添加方式有很大的区别，传统的方式通常会建议你在宝宝饿的时候喂他。如果在宝宝饿的时候让他和你一起吃饭，他只会感到挫败和沮丧（就像他面对一个新玩具时一样），而不是专心去探索食物，发展自主进食的能力。

> 刚开始实行自主进食的方法时，我差点儿就放弃了。斯蒂芬妮对固体食物一点儿都不感兴趣，我一度曾怀疑这种方法不管用。但是有一天，她在午饭前表现得非常焦躁，于是我就先给她喂了母乳，然后把她放在餐椅上，和我一起吃饭。我简直不敢相信，接下来她竟然自己抓起一根胡萝卜啃了起来。就在那时，我才意识到我做错了什么——我需要在她不饿的时候给她固体食物。
>
> ——安娜贝尔，佐伊（2岁）和斯蒂芬妮（8个月）的母亲

要想成功推行宝宝自主进食的方法，非常关键的一点就是当宝宝想喝奶的时候就满足他（即“按需喂奶”）。这样，他可以想喝多少奶就喝多少奶，吃辅食时也可以尽情地探索食物，这两件事是完全分开的。记住，在这个阶段他还不知道固体食物也可以填饱肚子。因此，当你准备和他一起吃饭时发现他饿了，就应该先喂他喝奶。如果喝完奶后他开始犯困，而对固体食物不再感兴趣，那也没关系，可以等他醒来后再给他提供固体食物。

宝宝在这个阶段错过一顿“饭”是没有关系的，因为他现在（甚至未来一两个月）并不依靠辅食来获取营养或填饱肚子。尽管为他提供更多的机会来锻炼自主进食的能力很重要，但也不需要教条地让他每顿饭都必须参与，或者强行要求他晚餐时间必须醒着。（很多家庭都是根据宝宝饥饿的时间来安排家庭的用餐时间，但其实在宝宝1岁之前并没有这个必要。）

宝宝对于食物的兴趣每天都会发生变化。他可能连续3天每顿都想和你一起吃家庭餐，接下来又连续4天每天只想喝奶。这种“前进两步，后退一步”的发展节奏是很正常的，跟以前父母被鼓励遵守严格的时间表有很大不同。只要你坚持让宝宝掌控自己的进食过程，他逐渐就会增加摄入固体食物的量。这样也能保证他在提高进食能力之后再逐渐减少奶量，从而保证了身体发育所需的营养。

TIPS

辅食添加初期的小贴士：

● 在宝宝不饿的时候给他提供固体食物，因为这个阶段他最主要的营养来源还是奶；

● 这个阶段宝宝吃辅食的重点在于把玩和探索食物；

● 尽可能地让宝宝参与到家庭的就餐时间和零食时间；

● 不管是让宝宝坐在你的腿上还是餐椅上，请确保在进餐时间宝宝是安全的、坐直的。

手指食物

在最初几个月，进行宝宝自主进食的一个关键点，就是提供给宝宝方便用手拿起并能送到嘴里的安全食物。尽管你可以让他抓取你盘子里几乎所有的食物（例外的食物请参见第107～112页），但如果你准备的食物形状和大小更加方便他抓取，他就更容易吃到这些食物，也不会表现得过于沮丧。

6个月大的宝宝是用整个手掌来抓食物的，直到几个月之后，他才学会用大拇指和食指捏取小块物体。这就意味着他必须把手掌包裹在食物上才能将食物抓起，所以你提供给他的食物不能太厚或太宽，否则他就抓不到。

此外，还要保证食物能够露出宝宝的手掌，因为这个年龄段的宝宝还无法主动张开手掌去吃手心里的食物。最初宝宝尝试把食物送进嘴巴时，准确率肯定不高，所以长一点儿的食物可以让他更容易吃到。大概5厘米长的食物条是比较合适的，这样一半被宝宝抓在手心，另一半露出手掌可以让宝宝吃到。当然，食物的大小不需要非常精确，你尝试几次之后就会发现什么样的食物最适合宝宝吃。西蓝花是很理想的第一口食物，因为它自带“手柄”。其他所有的水果、蔬菜和肉类，都可以切成条状提供给宝宝。因此，只需要把宝宝的手洗干净，保证他安全地坐直，再提供给他一些条状食物来玩就可以了。

给宝宝提供蔬菜时，一定要记得，蔬菜不能太软（否则宝宝抓起时很容易被捏碎），也不能太硬（否则宝宝根本咬不动）。至于如何将家庭食物改良后提供给宝宝，可以参考第4章的内容。

正常情况下，6～7个月的宝宝能够啃咬露出手掌的食物。他可能会咬下一小块之后，就把剩下的扔掉，再去拿其他食物。这并不意味着他不喜欢这种食物，只是因为他还不会主动张开手掌，也不会“一心二用”，所以在抓第二块食物时，就把第一块食物扔掉了。这样的情况通常会持续几个月。到8个月左右，宝宝就学会了从手心拿出食物。而且随着宝宝抓握技术的逐渐娴熟，你会发现他慢慢地可以拿起很多更小的、形状各异的食物，而不仅仅局限于带“手柄”的食物。

> 一开始我把所有食物都切成长条形，但我没有意识到它们不够长，所以露西无法将手往下挪，好让食物露出来。食物无法露出来让她吃到，她一定非常沮丧。但那时我完全不了解她能做什么以及不能做什么。过了一段时间后，我才意识到食物需要足够长，才能形成一个“手柄”让她握住。
>
> ——劳拉，乔西（10岁）和露西（17个月）的母亲

提高协调能力

当宝宝能够准确地把食物送进嘴里，并学会张开手掌吃手心里的食物后，他们就开始用两只手一起喂自己吃东西。这是宝宝协调能力发展

的特点决定的。在这个阶段，他们会发现双手配合，即一只手摸索着找到嘴巴，另一只手把食物送进嘴里，会更容易吃到食物。一旦宝宝掌握了这个技能，你会发现他把食物放进嘴里时失败的次数少了很多。

在最初的阶段，有的宝宝在咀嚼时，还会用一只手或双手捂住嘴巴，以保证食物留在嘴里而不掉出来。这是因为他们还没有学会在咀嚼时保持嘴唇紧闭。一旦学会了这个技能，他们就会在咀嚼上一口食物的同时，去抓下一口食物，而不用担心食物掉出来！

大概到9个月时，宝宝就可以用大拇指和食指拿起小颗粒的食物，这时他就可以吃葡萄干和青豆等食物了。此外，他还能够比较准确地拿着食物蘸取东西，因此你可以给他一些面包条或一块米饼，让他蘸着酸奶或鹰嘴豆泥吃。如果你想在宝宝学会这项技能之前就引进流质食物，可以用勺子或小块食物帮宝宝蘸好，然后让他自己拿着勺子或食物，舔上面的流质食物。（关于更多如何蘸食物吃的知识，请参见第124～127页。）

好痛！

有时宝宝会把手指随着食物一起送进嘴里，然后不小心咬自己一口。如果你的宝宝吃到一半突然大哭起来，那很可能是咬到自己了。不幸的是，作为家长，我们没有什么办法来防止这件事的发生，这需要宝宝自己发现并且进行预防。所以，在他们还没学会预防时，你能做的就是保持镇定，并随时准备亲亲他，以表示安抚。

提供给宝宝足够多他可以拿起来的食物，对于他探索那些自己还无法处理的食物是大有裨益的（但要避免有窒息风险的食物，比如整粒坚果、未去核的水果等）。学会处理不同形状和材质的食物，可以帮助宝宝更好地发展进食技能，以便为将来吃到更加多样化的食物做准备，并且你会惊讶于他所做的一切。

> 现在米莉吃饭的技术已经很成熟了。她会转动西蓝花，这样就可以吃到花冠，而且她知道吃这个部位会更加容易。她还知道在吃水果和蔬菜时如何把皮吐出来。
>
> ——贝丝，米莉（10个月）的母亲
>
> 布朗温现在已经能够熟练地舀取食物并放进嘴里，而不只是握住条状的食物。她也能够抓起小颗粒食物，然后把整只手和食物都放进嘴里。然后，她吮吸一下手指，再把手拿出来去够取更多的食物。
>
> ——费伊，威廉（4岁）和布朗温（7个月）的母亲

“提供”而不是“给予”

我们通常都说“给”宝宝食物（即不管宝宝想不想要，都让宝宝吃），但对于自主进食方法来说，父母做的其实是“提供”食物，即把

合适的食物放在宝宝够得着的范围内，让他自己决定如何处理这些食物。他可能会把玩、扔掉或者到处涂抹，也可能会把它们送进嘴里，或者只是闻一下，至于吃或不吃，完全由他自己来决定。

父母很容易忍不住把食物直接送到宝宝的嘴里，但这种做法不仅宝宝不喜欢，甚至还会导致他排斥吃饭这件事。当然，这样做也很危险，因为直接把食物放进宝宝嘴里会增加他被呛的风险。让宝宝自己决定拿起哪种食物也很重要，这样他就可以自己选择食物来吃或探索。所以，不要把食物塞进宝宝嘴里，也不要帮助宝宝做决定。宝宝自主进食的方法是一种“放手型”的养育方式。你对宝宝越信任，他就会越快掌握自主进食的方法。

但要记得，提供给宝宝的食物不能太烫，最安全的方法就是你亲自尝一下，而不是用手指摸一下来判断食物的冷热。这里有个小窍门，就是提前半个小时把碗放在冰箱冷藏室里，然后再拿出来装热的食物，食物会迅速冷却到适宜的温度。这样就不需要等待食物放凉，而是可以和家庭成员一起进餐。

微波炉加热食物

如果你是使用微波炉加热食物的，请记得在加热时一定要搅拌和翻转食物。此外，在把加热好的食物提供给宝宝之前，一定要亲自试一下温度。由于微波炉加热食物会出现加热不均匀的情况，最好的试温度方法就是亲自尝一小口，而不是靠用手来判断温度。

每顿应该提供多少食物

在宝宝刚开始吃固体食物时，他通常吃得很少。刚开始的几周，你提供给宝宝的食物几乎都会掉落在餐椅或地板上，这是因为该阶段的宝宝能够把食物送进嘴巴并且啃咬食物，但他还不会吞咽食物。这就意味着，即使食物被送进宝宝的嘴里，最终也可能会被吐出来。在一开始，宝宝可能很快就对食物失去兴趣或感到疲累，或者他会不停地把玩食物，却几乎不吃它。有的宝宝会把所有的食物都尝试一遍，然后又去玩别的东西，之后再回来探索食物。这一切都是很正常的。记住，在这个阶段，辅食对于宝宝来说是学习和探索的工具，而不是用来填饱肚子的，他的大部分营养还是来自奶。

即使当宝宝学会吞咽少量食物时，他还是会把食物撒落到地上，或者把食物涂抹得到处都是。这些行为当中有些是故意的（是他学习技能很重要的一部分），有些是由于抓握技术不熟练而导致的。

一开始，每顿可以为宝宝提供3～4样不同的食物——一块胡萝卜、一小朵西蓝花、一长条肉，或其他你正在吃的食物。要记得预留一些食物，以保证即便他的食物掉了也有新的补给，或者不断为他捡起掉下的食物并递给他。在辅食添加的最初阶段，也许你会认为，反正宝宝也不怎么吃，不如每次只给他一块食物吧。这样做会让宝宝觉得很枯燥，而且你每两分钟就要帮他从地上捡起一次食物。所以，最好同时给他提供几种不同的食物，让他自己决定吃还是不吃。

当然，也不要把很多食物高高地堆在宝宝面前，否则宝宝会由于选择过多而不知所措，最好的方式是少量多次地为宝宝提供食物。如果一开始给的食物过多，有的宝宝会把所有食物都推到地上，有的宝宝会只盯着一样食物吃，也有的宝宝干脆拒绝进食。在最初，你可以根据宝宝对食物的反应，灵活调整提供给他的食物量。

当我第一次给埃特过多食物时，她做了一件非常有趣的事：把每一块食物都拿起并扔到身后，直到盘子里只剩下一块食物，然后再小心翼翼地抓起食物开始吃。当她吃完手里的食物，就会要求接着吃。但我不能直接把她面前的盘子添满，因为这样她又会把所有食物都扔掉——好像一次给她太多食物会令她感到困惑。后来，我把她的食物全部放在另一只盘子里，但每次只递给她一到两块。

——朱莉，埃特（3岁）的母亲

当宝宝自我进食的技能提高后，你会发现掉在地上的食物越来越少，吃到宝宝肚子的食物越来越多。渐渐地，你就知道他每顿饭大概要吃多少了。但是要小心！因为此时很容易演变成由你来决定他每顿“应该”吃多少，而这有悖于宝宝自主进食的理念。让宝宝过度进食不仅没有必要，长远来看甚至是有害的——轻则会破坏他享受吃饭的过程，重则会导致他成年后暴饮暴食。永远应该由宝宝自己决定吃多少，因为他的胃长在他身上，他最清楚自己需要什么。

不要给宝宝过多食物

一次不要给宝宝过多的食物，但是一次需要多准备一些食物，这样在宝宝还想继续吃的时候保证有食物给他。如果你提供的食物量少于你觉得他“应该”吃下的量，通常他都会把这些食物吃完，并让你知道他是否还要继续吃。即使他没有表示出来，宝宝吃完食物这件事也会让你感觉良好。

不必吃光盘子里所有的食物

尽管我们从小都被教育：每次吃饭都要把餐盘里的食物吃完，不能浪费食物，但这些规则并不适用于婴幼儿，并且人们通常会将这些规则与过度进食联系起来。所以，不要期望宝宝能够吃光盘子里所有的食物，或者当他不想吃的时候还劝他继续吃。宝宝应该被允许自己决定吃多少，从而来选择身体所需要的营养。如果他吃光了你提供的所有食物，可以给他再添加一些，以保证他真的需要吃更多的食物；如果他停下来，表明他已经吃饱，这时即使你觉得他吃得少，也不要再用勺子多喂几口——有时宝宝会继续吃几口，但这很可能只是想取悦你，而不是真的还想吃。

我是在战争年代长大的，那时食物都是定量供应的，任何人都不能浪费粮食。如果我没吃完提供给我的食物，剩下的就会作为下一顿继续拿给我吃。那种必须吃光盘子里所有食物的感觉（即使我并不喜欢），伴随了我一辈子。

——托尼，3个孩子的父亲和5个孙子的祖父

拒绝某种食物

如果你的宝宝拒绝某种食物，这是因为在这个阶段他不需要（或者不想吃）这种食物，并不意味着你的厨艺有问题，也不意味着你今后不能再提供给他这种食物。当然，如果你的宝宝和家庭成员吃一样的食物，而不需要单独准备食物，你也许察觉不到哪种食物他吃下了多少。这也是全家吃相同的食物，比单独做宝宝辅食让你更少焦虑的原因。

TIPS

● 吃饭前记得给宝宝洗手；

● 提供至少5厘米长的长条形食物，这样一半可以让宝宝握住，另一半可以露出手掌让宝宝啃咬；

● 让宝宝自己决定吃什么，你只需把食物放在他够得着的地方（比如餐椅的餐盘上）即可；

● 保证食物不会过烫（你亲自尝一口会更加可靠）；

● 一开始提供给宝宝少量不同种类的食物，一下子提供太多会让他不知所措；

● 每次多准备一些食物，以保证他还想吃的时候有食物可以添加；

● 请记住，“吃光盘子里所有的食物”不是我们追求的目标——宝宝需要自己决定每次该吃多少；

● 不要因为宝宝不吃你准备的食物而感到生气；

● 当宝宝进食时，确保旁边有人监护。

检查宝宝的口腔

有时宝宝会把一块食物藏在口腔里，过了很久再继续吃。这通常发生在宝宝还没学会如何用舌头剔出藏在脸颊和牙床之间的食物之前。为安全起见，每次吃饭结束后，在宝宝开始玩耍或午睡前，最好检查一下宝宝的口腔，以确保不会出现这种情况。没有必要用手指去掏宝宝的口腔，也没有必要按倒宝宝的头去查看，只需跟宝宝做个游戏，让他把嘴巴张大（也许需要让他模仿你）就行了。等他能够理解你说的话之后，就可以教他如何自己用手指检查嘴里有没有潜藏的食物。

帮助宝宝进行学习

宝宝是通过模仿他人来学习的，所以只要有机会，父母要尽量和宝宝一起吃饭，同时给宝宝提供和你一样的食物。其实你会发现，即使你和宝宝的食物一样，他也更加喜欢你盘子里的食物（这也许是他出于本能保护自己的行为，因为和你吃一样的食物可以保证自己吃的食物是安全的）。你可以告诉宝宝你们正在吃的食物叫什么名字，并描述它们的颜色和性状，这样他在学习吃饭技能的同时，还能学习语言。

> 米娜知道胡萝卜块是什么意思，我们每次吃饭时都会谈论食物，她逐渐知道了不同蔬菜的名字。我有时会问她："花菜在哪里？"她就会拿起花菜。这真是太棒了！如果喂宝宝吃辅食泥的话，她就没有机会学习这些了。
>
> ——迪帕里，米娜（10个月）的母亲

宝宝通过模仿来学习，意味着他们需要先观察，再进行尝试和犯错。让宝宝自己找到处理食物的方法很重要，不要急着给予他帮助。帮助或干预太多，以及批评、嘲笑或对他发火，都会让他感到疑惑，从而会阻止他做进一步的尝试。另外，当他做对时也不需要表扬他。毕竟，他并没有把“掉一块食物”当作“失败”，把“吃下食物”当作“成功”。对他来说，一切都是有趣的试验，都是他探索的过程。

帮助或指导宝宝如何进食，还会让宝宝分心。记住，他正在一心一意地学习认识食物并且尝试把它吃掉，你任何所谓的“帮助”都会打扰他。如果需要你的帮助，他会让你知道。大部分宝宝真的只是想自己做，而不需要大人的帮忙。

> 一开始，贾马尔试图拿起一块食物，我们看到他无法做到时，就会伸手去帮忙。很明显，这时他的专注力被我们破坏了。如果我们放手让他尝试，他会表现得更加开心。
>
> ——西蒙，贾马尔（8个月）的父亲

在辅食添加的初始阶段，你会发现宝宝吃饭时偶尔会出现干呕。尽管这看上去很吓人，但你不需要过分担忧，更不需要上前阻止。事实上，这是他学习进食的重要过程，能够教会他更安全地进食——吃东西时不能把食物放得太靠后，一次也不能放太多。一旦学会如何避免这些情况，他自然就会减少干呕的次数，这通常需要几周的时间。

如果你把宝宝吃饭的过程看成他学习和玩耍的机会，就不会限制他一天只吃一顿、两顿或三顿辅食，或者必须遵守某个时间表。事实上，宝宝探索食物和锻炼进食技能的机会越多，他就越能更快地明白吃饭是怎么回事，并且更快地掌握自主进食的能力。

如何处理宝宝的沮丧情绪

有的宝宝刚吃固体食物没多久，就会产生沮丧的情绪，并且看起来他们吃饭的技能总是没有长进。父母很容易把宝宝的这种沮丧情绪归咎于他没有吃饱。事实上，在辅食添加的初始阶段，如果宝宝真的饿了，可以通过喝奶而不是靠吃辅食来填饱肚子。在这个阶段，宝宝吃饭的真正意义是探索和学习食物，他们还没有意识到固体食物可以填饱肚子。所以，宝宝沮丧并非说明他没吃饱，也不需要父母把食物打成泥喂给他吃。很多时候，用勺子喂宝宝辅食泥的确能够暂时缓解宝宝的沮丧情绪，但这只是因为宝宝的注意力被分散了而已，并没有从根本上解决问题。如果他饿了或累了，最好喂他喝奶或让他睡一会儿。

在实行宝宝自主进食的最初几周，宝宝容易感到沮丧的另一个原因，是他还没有能力按照自己的意愿来处理食物，这就像一个新玩具带给他的挑战一样。食物给宝宝带来挑战，通常是因为食物的形状不合适，或者食物太滑导致宝宝抓不住。因此，父母应该从这些方面着手改进（关于如何准备方便宝宝抓握的食物，请参见第72～73页）。不过好消息是，尽管自主进食的宝宝经常出现沮丧情绪，但这个阶段最多持续一周左右，这就好像新玩具带来的挑战也不会持续很久一样。

给予宝宝充足的进食时间

宝宝在学习进食时需要足够的时间，因此父母尽量不要催促宝宝。刚开始，宝宝可能需要40分钟才能吃完一顿饭，这是因为每项新技能他都需要练习很多次才能熟练地掌握。

要给予宝宝足够的时间进行充分的咀嚼，这一点尤其重要。这样不但有利于他的消化系统，还能预防肚子痛和便秘。如果你让宝宝按照自己的节奏吃饭，他就能学会了解自己什么时候才算吃饱。（吃饭速度过快可能导致青少年和成年人肥胖，详情请参见第48～50页）。

有些宝宝喜欢先撇开某种食物去探索其他食物，之后再回来探索先前被撇开的食物，这种现象在宝宝身上很普遍。所以，父母不要急着清理桌子，或者以为宝宝不想吃而替他吃掉。

完全放手让宝宝按照自己的方式进食，这对父母来说是不小的挑战，却恰恰是成功实行宝宝自主进食的关键所在。但如果你真的放松下来，就会发现宝宝很快就会度过这个阶段。你给宝宝探索食物的机会越多（哪怕只是闻一闻、捏一捏或玩一玩食物），他就会越快成为一个自信且合格的“小吃货”。

> 艾弗每次都会很开心地自己喂自己。有时他会坐在那里很久，什么也不干，然后突然开始吃起来；有时他每顿都会吃很多辅食，接下来几天又几乎只喝奶。我们需要做的就是相信他，并且不去干预。
>
> ——阿曼达，艾弗（8个月）的母亲

不要给宝宝施加压力

有的宝宝会因为父母（或者其他人）盯着他们吃饭而放下食物，因为他们感到有压力。在宝宝吃饭时，父母尽量不要给予过多的关注。你可能会因为好奇而想看宝宝吃饭，宝宝却因为被你盯着而感到不舒服。吃饭应该是正常、愉快的日常活动，宝宝吃饭时，你需要做的就是默默地支持和适当地赞赏他，这能大大提高宝宝吃饭的自信心和技能。

> 恩里科七八个月大时，我带着他和朋友一起吃晚餐。其间朋友们一直盯着他吃饭——他们看上去很焦虑。看得出来，恩里科被盯

得很不舒服。不过，对于我的朋友来说，BLW是全新的理念，他们并不知道该怎么做也是正常的。

——安吉拉，恩里科（2岁）的母亲

和宝宝一起进餐

最好能够让宝宝和家人一起吃饭，这样宝宝不仅可以学习如何处理食物，还可以学习如何轮流添加食物、如何交谈以及餐桌上的礼仪。当然，对于繁忙的家庭来说，一家人要凑在一起吃饭会有难度，特别是父母一方（或者双方）每天需要在外工作很长时间的情况下。不过，最重要的是尽量避免宝宝一个人吃饭。所以，即使不能做到一家人一起吃饭，也要保证宝宝和其中一个家庭成员一起吃饭。如果你家请了保姆，一定要和保姆沟通好这一点，以确保即使你不在宝宝身边，他还是有机会和其他人一起进餐。

很多家庭的早餐时间都比较匆忙，特别是父母都需要上班或者还要送家里其他孩子去上学的家庭。在辅食添加之初，很多宝宝对早餐并不感兴趣，可一旦开始感兴趣，他们会有很强的适应性，并不介意是否在“正确”的时间吃早餐。所以，可以等送完其他孩子之后，再安排宝宝和你或者保姆一起吃早餐。如果你不需要外出工作，那么你最容易和宝宝一起吃的是午餐。你不需要大费周章地准备午餐，只需要保证食物富有营养而且种类多样即可。

全家人一起吃晚餐是最难做到的，特别是父母工作时间很长的家庭。照顾宝宝的人（妈妈居多）通常需要吃两次晚餐：一次和宝宝一起吃，一次和其他家人一起吃。当然，如果宝宝晚上睡得比较早的话，你可以考虑重新调整他的入睡时间；而如果家庭晚餐时间太晚，也可以考虑往前提一些。记住，宝宝在最初阶段并不需要在规律的时间吃固体食物，因为他并不依靠固体食物来充饥。随着吃辅食的次数越来越多，他意识到固体食物也可以填饱肚子后，才开始形成规律的一日三餐。这时，你可以考虑把家庭用餐时间调整至宝宝的用餐时间。

共同进餐最好是一起坐在餐桌前，但这也不是必需的。如果你习惯坐在沙发上边看电视边吃饭，你可以继续这样做，只是需要把电视机关掉（这样宝宝可以专心吃饭），然后把宝宝餐椅挪到你身边。甚至你们还可以一起坐在地毯上吃饭，或者在外面野餐。

总之，把宝宝当成平时和你一起吃饭的人就好。这意味着你不需要告诉他该吃什么、吃多少；不需要总是帮他擦嘴；当他正在吃的时候，不要急于收拾桌子。

> 当我和利亚一起吃饭时，她会吃得更好，咀嚼得更仔细。她会一直观察我，并模仿我咀嚼的动作。有时我会起身做些其他的事，这时她的注意力就会被分散。
>
> ——艾米丽，利亚（7个月）的母亲

TIPS

- 尽可能和宝宝吃一样的东西，并和宝宝一起吃饭；
- 给予宝宝足够的时间去探索食物，允许他随意把玩食物；
- 告诉宝宝他正在探索的食物是什么；
- 不要强迫宝宝吃下比他所需更多的食物；
- 允许宝宝自由地处理食物，这可以帮助他提高吃饭的技能；
- 当宝宝在吃饭时有了新的发现，要和宝宝分享他的喜悦，但记住，没有必要通过表扬或批评来指导他的学习过程。

BLW故事

当欧文刚刚6个月大，可以坐起来以后，吃饭时，他坐在我的大腿上，和全家人一起围坐在餐桌前。他拿起食物，但最初几乎每次都无法把食物放进嘴里。最开始的几天，我觉得他几乎没吃到什么东西。

尽管这样吃饭才开始几周，但他的手眼协调能力以及如何把东西放进嘴里的方式却完全改变了。我给他的第一种食物是其他孩子都会吃的梨。每次他拿起之后，梨就从他手里滑落下来，他完全没吃到。经历过几次失败后，当他下一次再拿到梨时，就使劲儿捏着，最后他终于掌握了需要花多大力气才能抓住梨。之后他发现，如果他用左手拿起食物，再把食物递到右手会更容易吃到。现在他开始用自己的左手来做引导——左手会推着右手靠近嘴边。这一切简直太神奇了！

其实，能否吃到食物对他来说基本上靠运气。他的大便没有改变，尽管其中有一些胡萝卜粒，但还是纯母乳喂养时的大便性状。在这个阶段，对宝宝来说，食物的意义更多的是用来体验味道和进行探索，而不是填饱肚子。

相信宝宝的直觉很重要。他并不总是想吃食物。比如，吃晚餐时他总是因为太累而对食物不感兴趣；有时我因为急着送其他孩子上学而只给他一点儿食物当作早餐。这些都没有关系。不过，现在我已经无法做到不邀请他而独自吃饭了——我真的太享受这个过程了。

和欧文分享正常的家庭餐，对我来说很重要。这比我当初喂其他两个孩子吃辅食泥简单多了。现在回想起来，西奥（我的第二个孩子）直到7个月时才做好吃辅食的准备。那时他不喜欢软的食物，也不喜欢被我们喂着吃，否则他会把食物吐出来。在我们允许他自己吃饭之前，他吃得很少。如果让宝宝从一开始就自己吃，这个过程会更加自然。

——山姆，艾拉（8岁）、西奥（5岁）和欧文（8个月）的母亲

对脏乱的情况做好心理准备

宝宝不会明白“脏乱”的概念。宝宝总是乱扔玩具，这是他认识重力、距离以及自己力量的重要途径。在辅食添加的最初阶段，食物只是宝宝的一种玩具而已，所以宝宝会用对待玩具的方式去探索食物。而且他们还会很开心地发现，只有食物这种玩具能够被自己捏碎并到处涂抹。（为防止宝宝乱吃，对于一些涂鸦、玩橡皮泥等脏乱的游戏，通常都建议在宝宝更大点儿时才引入。）

有时导致脏乱的原因是宝宝的技能还不够成熟。比如，他想拾起某样东西，结果却把它碰倒或推到一边。因为他一开始还不会有意识地张开手掌，所以当他的注意力被别的事情吸引时，就会把手里的东西丢掉。很重要的一点是，宝宝开心地把食物放到餐盘边缘时，他并不知道这意味着什么。他不知道食物掉在地上是需要打扫的，他只是专心致志地在进行学习这项活动。所以，你对待此事的态度越放松，他就会学得越快。

随着宝宝吃饭技能的提高，以及他体验到把食物真正吃进去的愉悦感，这些脏乱的问题就会逐渐减少。事实上，大部分一开始就放手让宝宝自己吃饭的父母，通常会发现脏乱的阶段非常短。而且你需要记住，尽管宝宝自主进食的方法看上去比勺子喂食更脏乱，但在准备食物的阶段减少了脏乱的环节，因为不需要清洗搅拌机或漏勺等辅食工具。

脏乱是宝宝在学习吃饭阶段不可避免的部分，你几乎不可能限制它的发生，这就好比你站在海边，无法期望潮水不要过来一样。应对脏乱最好的方式就是欢迎它，同时提前做好准备。这包括预先计划好在宝宝自我进食的过程中应该给他穿什么衣服（包括你自己），以及如何保护好宝宝吃饭的区域不被弄脏。此外，还要预留充足的时间让宝宝吃饭（这样他就能学习如何吃得不那么脏乱），同时预留充足的时间来打扫卫生。

> 米洛吃饭的过程很脏乱，但正是通过处理食物，他学会了材质和体积的概念，以及如何倾倒东西，还帮助他提高了手眼协调能力。孩子都喜欢玩脏乱的东西。在托儿所，你看到孩子们在玩一大盘染色的果冻或者意大利面——那并不是他们的晚餐时间，而是他们的玩耍时间！这是最前沿的早教方式。这种方式很棒，不是吗？
>
> ——海伦，莉齐（7岁）、索尔（5岁）和米洛（2岁）的母亲

围嘴的问题

宝宝和大人一起围坐在餐桌前吃饭时，和成人不一样，宝宝吃饭时食物并不在他的下方，他需要伸出整只手臂才能够到自己想要的食物。所以，长袖的衣服很容易沾上食物，短袖的衣服会更适合他。围嘴能保护好宝宝胸前部分的衣服，长袖罩衣或绘画服可以保护宝宝的衣袖，但也会阻碍他吃饭。那种下部带兜的围嘴方便接住宝宝掉下的食物，但可能会阻碍小月龄宝宝的行动，因此最开始并不是好的选择。

如果天气暖和，有些家长习惯让宝宝在吃饭时穿着背心，或光着身体只穿尿布——因为身体比衣服更好洗（如果你的宝宝每天都有洗澡的习惯，一定要在就餐后洗澡）。就像使用餐椅的问题一样，没有必要因为宝宝不爱戴围嘴而强迫他，吃饭的过程应该是愉快的。宝宝会把食物弄到自己的脸上、身体上、头发上，接受这个事实吧！而且目前也没有任何一项发明可以阻止食物掉在地板上和餐椅里。事实上，当宝宝结束他的探索之后，你会在一些出其不意的地方发现残留的食物。

水果渍

小心水果渍。当宝宝吃水果（特别是整个水果）时，他们通常会吮吸或者啃很久，这样果汁和果肉就会沿着他们的下巴和手流到衣服上。也许你当时没有发现，但一些水果，比如香蕉和苹果，会留下很深的污渍。

当贾斯汀开始自主进食时，我真的拿了一个20世纪50年代的围裙来用。如果宝宝是坐在你的大腿上和你一起吃饭，一件围裙可以防止所有脏乱情况的发生。

——路易斯，贾斯汀（23个月）的母亲

吃完饭后，你拿起湿毛巾擦拭宝宝的脸和手，然后把他挪到一个干净的地方。之后，你把毛巾翻面来擦桌子，把桌上的食物都扫到地上。然后开始清洁餐椅，同样把餐椅上的食物都扫到地上。结果，地上堆起了一座食物山——基本上是晚餐剩下的所有食物了。然后，你把这些食物全部包在布里丢到垃圾桶，最后把布扔进洗衣桶里。每顿饭用一块布基本上就可以搞定一切。

——黑兹尔，汉娜（8岁）、内森（4岁）和乔（17个月）的母亲

保护好地板

地毯上可以铺一块防水的垫子来保持清洁，而且宝宝掉的食物还能捡起来继续给他吃。当然，塑料布、棉桌布、野餐垫或油布（甚至浴室垫子）都是可以的。按照尺寸购买的塑料布是个经济、实惠的选择。有些家长也会把报纸铺在地毯上，这样每餐后可以直接扔掉而不必花时间进行清洗。

我们曾经使用过防水垫，但那种塑料太薄了，仅靠抹几下无法清洗干净，因此我不得不跪在上面擦。最终我们改用了便宜的棉质桌布，这样每餐过后把它拿到水池里抖一下，然后扔进洗衣桶就行了。我们准备了两到三块这样的布，以保证随时都有干净的桌布可以使用。宝宝要洗的衣物总是很多，多洗这几块桌布差别并不大。

——鲁丝，萝拉（19个月）的母亲

工具的选择

如何选择餐椅

市面上的餐椅种类繁多，对于刚开始吃辅食的宝宝来说，带餐板的餐椅会很方便，但不带餐板的餐椅更加节省空间，而且还能让宝宝感觉是和家庭成员坐在餐桌旁一起吃饭。那种可以部分塞进餐桌下面的餐椅，会让宝宝更容易拿到食物。在宝宝身后放一个小垫子或者卷起来的毛巾，可以帮助他更容易拿到食物。

如果你想购买带餐板的餐椅，记得要选择餐板大一点儿的，这样才能有效防止食物掉在地上。而且最好购买餐盘四周有边缘的餐椅，这也是防止食物掉在地上的手段之一。同时，还要保证餐盘的位置不会过高，如果宝宝的胸和餐板齐平（想象一下如何坐在跟你腋窝一样高的桌子旁边吃饭），他够取食物时就会比较困难。可以调节高度的餐椅是很好的选择，但如果你没买这样的款式，可以通过在宝宝的屁股下垫毯子来调节高度。

出门吃饭或者旅行时，使用固定在桌上的餐椅会比较方便，但如果每天都使用这种餐椅就会比较麻烦。有些餐椅可以用在很矮的座位上，如果你们使用的餐桌不是常规的餐桌，这种餐椅会很方便。那种可以根据孩子的身高进行调节的餐椅，看上去也许很贵，但可以为你省下购买学龄前儿童餐椅和板凳的钱。有些餐椅甚至可以调节成可供大孩子或成人使用的普通椅子。

要特别注意那种有很多垫子的餐椅，它们看上去好像比纯木或塑料餐椅更舒适，但打扫起来非常麻烦。而且要知道，每餐过后你都必须打扫餐椅，这是不可避免的。

有一点很重要，餐椅上面应该带有安全带，只要宝宝坐在餐椅上，你就需要帮他系好安全带。也许宝宝还无法爬下餐椅，但他随意动的时候可能会发生意外。

从长远来看，宝宝坐在餐椅上吃饭会更加方便，但如果你的宝宝不喜欢坐餐椅，也不要强迫他。他坐在你腿上同样可以学会自主进食，而且最终他会习惯坐餐椅。

> 如果以后再有孩子，我会继续使用宝宝自主进食的方式来引进固体食物——唯一不同的是，不再考虑餐椅的问题！直到最近，艾丹坐进餐椅时才不哭闹——这时他已经2岁了。因为他之前不喜欢坐餐椅，所以我们从来不强迫他坐。我允许他坐在我腿上，而不是为此和他做斗争。当他在我大腿上扭动时，我切食物确实不太方便，但除此之外，我们都很享受这个过程。
>
> ——苏，艾丹（2岁）的母亲

如何选择餐盘

很多家长发现，在辅食添加的初始阶段，宝宝其实并不需要使用餐盘。6个月大的宝宝对餐盘具有对食物一样的兴趣，尤其是很多专门为宝宝设计的餐盘，颜色非常鲜艳，更加容易吸引宝宝的注意力，这意味着盘子里的食物很快会掉在地上。而且由于宝宝不会记得把从盘子里拿起的食物重新放回盘子，因此盘子四周也会粘满食物。

没有任何理由限制宝宝从餐椅的餐板或桌面上直接够取食物来吃，只要保证桌面是干净的即可，你也可以把一个大的正方形厨房托盘放在他面前，或者用一块塑料垫来接住掉下的食物。这些都能帮助减少脏乱的情况，而且也很容易清洁。

如果你想使用盘子，可以选择重一点儿的碗或盘子，这样不容易被宝宝拿起来——但如果他真的可以拿起来，破坏程度就会更大。能够吸在桌面上的盘子也是一个不错的选择，但当你试图把它拿起时，盘子里剩余的食物可能会弹射出来。任何盘子、碗、杯子都需要清洗干净，但不需要额外消毒。

如果你想保护桌面，可以选择一块塑料桌布或者油布桌布。这会很有用，因为它们清洁起来非常方便。但需要注意的是，不要选择带很多花纹的桌布，否则宝宝很难看到放在桌布上的食物。同时，要保证宝宝不会轻易撕下桌布扔到自己的腿上或地面上。

BLW故事

大概1个月之前，詹姆斯明确表示他喜欢和我们坐在同一张桌子旁吃饭——他已经不满足于坐在摇椅上看着我们吃了。有人说当宝宝开始对大人的食物感兴趣时，就说明可以给他们添加辅食了，但我并不同意。我觉得詹姆斯并不是饿，他只是想参与进来。这就好像看到其他宝宝在爬，他会觉得很沮丧，也想模仿一样。

一开始，詹姆斯对我们吃饭时所做的任何事情都感兴趣，但对食物并不是很感兴趣。直到最近两周，这种状态才开始改变。他已经能够坐得很稳，也不再满足于把玩手里的勺子或啃一些食物，而是开始伸手去够取食物了。

几周前，詹姆斯伸手拿了一块黄瓜，因为还不能很好地抓握，黄瓜很快就掉了。我的其他孩子很调皮，他们想给他一些食物。于是，哥哥递给他一根胡萝卜条、一点点香蕉、一口酸奶等。前几天我们外出野餐时，他尝试着拿起一块苹果来啃，这个过程他非常开心。我还用手指蘸了一点番茄酱让他吮吸。这一切都在告诉我，他已经准备好接受固体食物了。

于是今天，我第一次正式给詹姆斯一块生梨，他很喜欢吃。我觉得他很开心，因为他终于可以吃自己想吃的食物了，而不像之前我每次都对他说的："不，你还太小，你不能吃这个。"

昨晚，我做了鸡肉炖豆子，我当时想："詹姆斯该怎么吃这个呢？"我猜他大概会用手抓一把，或者只抓几块鸡肉。这肯定会非常脏乱，但我需要慢慢习惯。我觉得自己面临的最大挑战是：哪些东西是他可以和我们一起吃的?

——简，罗斯（7岁）、爱德华（3岁）和
詹姆斯（6个月）的母亲

成功实行自主进食的秘诀

◆宝宝在自主进食的最初阶段，会把吃饭看成玩耍，食物是用来学习和体验的，而不是用来吃的。此阶段的宝宝仍然需要从奶里摄取大部分的营养。

◆继续坚持按需喂奶，这样辅食就是额外添加的，而不是奶的替代品。宝宝会根据自己身体的需要逐渐减少奶量。

◆不要期待宝宝一开始就吃很多。宝宝不可能突然需要很多额外的食物，添加辅食只是因为他6个月大了。当他意识到食物的味道很好时，便会开始学习咀嚼，然后学习吞咽。最开始的几个月，很多宝宝都吃得非常少。

◆只要有可能，就和你的宝宝一起吃饭，这样他就有足够的机会来模仿你吃饭的动作。

◆对于脏乱的情况要做好心理准备。在宝宝吃饭前为他穿上合适的衣服，并保护好宝宝吃饭的区域不被弄脏。做好准备工作后，对付脏乱的压力就不会太大，而且可以安心地将掉在地上的食物重新递给宝宝。始终记住，宝宝是在学习，不是在故意增加你的工作量。

◆保证所有家庭成员对待吃饭的态度都是愉悦的。如果吃饭过程是放松而享受的，就会鼓励宝宝去探索和学习。这样宝宝才会愿意尝试新的食物，同时也会期待每一次的吃饭时间。

你需要做的6件事

◆当宝宝在探索食物时，时刻保证宝宝是竖直坐着的。一开始，你可以让宝宝坐在你的大腿上，并面朝桌子。如果他坐在餐椅上，可以用一个小靠垫或一块卷起的毛巾放在他背后，以保证他是竖直坐着的，同时餐盘和桌子的高度也是合适的。

◆一开始提供给宝宝的食物要方便宝宝拿起。厚的条状食物最方便宝宝抓握。只要有可能，尽量把你吃的食物提供给宝宝，让宝宝感觉自己是参与其中的。不要忘记，由于小宝宝还无法主动张开手掌，所以一开始他无法吃完一整块食物，如果他吃完露出来的部分，记得继续提供给他食物。

◆提供多种多样的食物。没有必要限制宝宝去探索食物，不过不必每餐提供过多的食物，在一周内提供给他尽量多不同形状、不同味道和不同材质的食物即可，这样既保证了营养均衡，也能帮助他发展进食能力。

◆像以前一样继续按需喂宝宝母乳或配方奶，同时每餐让宝宝喝水。随着宝宝辅食量的增加，他喝奶的量会逐渐减少，不过这个过程会进展得非常缓慢。

◆如果你家有食物不耐受、食物过敏、消化系统疾病等家族史，那么在引进固体食物之前，请先和宝宝的健康顾问聊一些注意事项。

◆对其他照顾宝宝的人解释宝宝自主进食的方法是如何运作的。

你不应该做的6件事

◆不要为宝宝提供不健康的食物，比如快餐、超市里的即食食品，或者添加较多盐和糖的食物。此外，也不要提供有明显窒息风险的食物。

◆不要在宝宝饿的时候让他吃固体食物。

◆宝宝在探索食物时，不要催促宝宝或者分散宝宝的注意力，允许他按照自己的节奏专心探索。

◆不要把食物塞进宝宝的嘴里（尤其要防止那些“热心”的学步期孩子往小宝宝的嘴巴里塞东西），让宝宝自己决定是否要吃，以保证宝宝的进餐安全。

◆不要试图让宝宝多吃一口，更没必要为此而哄骗、威胁宝宝或用游戏吸引他的注意力。

◆宝宝进餐时，永远不要让他独自待着。

常见问题

问题1　我的宝宝现在5个月，我已经喂他吃辅食泥有一个月了。现在转到自主进食的方法可行吗？

5个月大的宝宝还无法自己喂自己吃食物，他只能拿起一些食物，并尝试送到嘴边。除非是因为宝宝病理性的原因，需要在医生建议下

（如果是这样的话，你需要向儿科医生咨询意见）才这么早开始添加辅食，否则这个月龄的宝宝完全不需要添加辅食。所以，最好停止喂宝宝辅食，让他继续喝奶，直到几周后他的身体系统发育更加成熟时再开始添加。

如果你不想让宝宝停止吃辅食，就需要继续用勺子喂他辅食泥，直到他有能力自己喂自己为止。如果你希望实行真正的宝宝自主进食方法，最好现在就停止辅食喂养，直到宝宝满6个月时，直接提供给他手指食物——就好像他从来没被喂过辅食泥一样。如果你决定这么做，现在开始就需要增加每次喂奶的量（如果是母乳喂养的话，需要增加喂奶的频率；如果是人工喂养，需要增加每次喂的奶量），这样才能让宝宝停止吃辅食泥。

问题2　我的宝宝现在8个月，我一直喂他吃辅食泥。现在开始实行自主进食的方法是不是太晚了？

宝宝自主进食的方法什么时候开始都不晚。即使你的宝宝已经习惯了被勺子喂养，但只要提供机会，他还是喜欢自己探索食物，而且会从中受益。只不过他跟一开始就进行自主进食的宝宝会有一些不同的表现。

如果宝宝从一开始就进行自主进食，他身体所需的营养主要来自奶，他有充足的时间去探索食物，并发展自己的进食能力。但如果宝宝一开始是被勺子喂养的，他自主进食能力的发展就不会那么直接，因为这个练习的机会被错过了。

这种情况下，你会发现，开始给宝宝提供手指食物时，他很容易沮丧，因为他无法很快地自己喂自己。而且习惯了用勺子喂养的宝宝，也习惯在饿的时候大口吞下食物，因为食物泥是不需要咀嚼的。

在宝宝不饿的时候让他自己喂自己，可以避免这个问题。这样他就可以集中注意力来探索和发现食物的有趣之处，而不用考虑如何填饱自己的肚子。你可以继续用勺子喂他吃辅食泥，同时每餐给他一些手指食物来锻炼他的进食能力。随着他能力的提高，你会发现他逐渐对辅食泥失去兴趣，直到最终再也不需要了。

有的家长发现，习惯被勺子喂养的宝宝，特别是大月龄宝宝，在自己喂自己吃饭时，通常会抓起一大把食物塞进嘴巴里。这可能是因为他们从来没有机会尝试咀嚼食物，或者从来没有体验过如何避免在嘴里放过多食物而引起干呕。鼓励宝宝在不饿的时候自己喂自己，就可以避免这些问题的产生。

不管你是在宝宝多大的时候开始实行自主进食的方法，请尽可能地让宝宝和大人一起吃饭。这样他就有机会去模仿和学习其他人吃饭的行为，也可以了解吃饭是一种社交行为。如果他已经超过1岁，你可以为他提供一套自己的餐具，这样他就能模仿你是如何使用餐具的。如果需要，你也可以时不时喂他几口辅食泥，直到他自主进食的能力跟他的胃口相匹配为止。

宝宝的第一口食物

“实行自主进食方法两个半星期以后，我和我的另一半坐在餐桌前吃自制的素食烤面和豌豆，我们的女儿凯拉就坐在我们旁边，津津有味地吞咽着和我们一模一样的东西。她最后会不会弄得到处都是饭？当然。她坐的餐椅会不会被弄得脏兮兮的？当然。这会不会是我经历过的最美妙的时光？当然，当然。

——丽莎，凯拉（11个月）的妈妈

基本原则

如果你已经读过其他关于辅食添加的指导书籍，你很可能会发现，大部分这类书籍对于辅食添加的顺序都有非常严格的要求。不过，这些建议都是以前针对4个月，甚至3个月就开始吃辅食的宝宝的。而事实上，6个月之后的宝宝免疫系统和消化系统更加完善，因此除非宝宝有家族过敏史，否则这些限制是完全没有必要的。无论是对于自主进食的宝宝，还是对于勺子喂养的宝宝，都不需要限制食物的添加顺序。

有一个总的指导原则，即为宝宝提供天然的食材，比如尽可能选用新鲜食物，进行无盐无糖的烹调，将会对宝宝非常有益。很多人一开始会提供蒸制的不加调味料的蔬菜或水果，尽管这些可能是宝宝一开始最容易吃下去的食物，但这并不意味着宝宝就不能分享你的炖菜、沙拉、意大利面、煎炒或烧烤的食物，以及其他任何食物，只要形状合适，宝宝都可以尝试。你应该提供以下这些食物：

◆富含营养的食物——尽量少加工，少盐少糖；

◆保证每天食用人体所需的五大类食物至少一次（关于五大类食物请参见第205～206），尽管这对于辅食添加初期的宝宝来说并没有那么重要，因为宝宝这时候不是在吃，更多的是在探索；

◆一周内保证提供尽可能多样的食物，这样宝宝就有更多的机会去尝试更多不同味道和不同材质的食物；

◆保证食物的大小和形状方便宝宝抓起（请记住，宝宝抓东西的技巧进步很快）。

在第7章中，有更多关于营养成分的知识，以及如何为整个家庭准备健康、均衡的饮食。这样，当你的宝宝能够自己进食后，你就会发现，只需简单调整家庭的一日三餐，宝宝就可以和你们一起吃饭了。

哪些食物需要避免

窒息的危害

有些食物的形状对于婴幼儿来说是非常危险的。大家最熟悉的是坚果类，整颗（或者大颗）的坚果很容易卡到宝宝的气管，因此在宝宝3岁之前要避免为他们提供此类食物。像樱桃这样的水果，在给宝宝吃之前要去掉核；像葡萄、小番茄等圆形的小水果，建议切成两半之后再给宝宝吃。此外，还需要留意蛋糕、炖菜、沙拉等食物，因为它们里面可能含有小块的坚硬食物；不要提供给宝宝带刺的鱼肉，给宝宝吃肉之前要先去掉里面的软骨。

盐

盐对宝宝是有危害的，因为宝宝的肾脏还没有发育完全，不能处理摄入的盐。一旦宝宝摄入过多的盐，可能会导致严重的疾病。从小就控制宝宝对盐的摄入量，对他长期的健康是有好处的，这样他长大后就不会习惯高盐的食物。

很多食物都会通过加入盐来提味，特别是即食食品，比如从店里买来的酱汁、肉汤等。此外，熏肉、火腿和许多罐装食品都含有较多的盐，因为盐可以让食物保存更长的时间。事实上，我们摄入的大部分盐分不是在烧菜时或在餐桌上加进去的，而是来自食物当中的“隐形盐”。因此，要想避免摄入过多的盐，不但要考虑你所买的食材，还要考虑你的烹饪方式。

1岁以内的宝宝，每天摄入的盐不能超过1克（其中钠的含量为0.4克）。对宝宝来说，店里出售的即食食物和加工食品当中盐的含量都太高了。甚至有些奶酪，比如帕尔玛干酪（Parmesan）、菲达羊乳酪（Feta）、加工干酪（包括薄片型的、摊开型的和三角状的）等，每100克（尽管宝宝不太可能一天吃掉这么多干酪）可能含有超过1克的盐。有些面包仅几片就可能含有1克盐。因此，虽然奶酪和面包都是很好的食物，但也不要顿顿都给宝宝吃。

在购买任何食物时，都需要认真阅读包装标签。有些厂商把盐列为“钠”类，这种情况下，你只需把钠的含量乘以2.5，就可以得到盐的含量。通常来说，每100克含有超过1.5克盐（0.6克钠）的食物，就被认为是高盐食物；每100克含有低于0.3克盐的食物，则被认为是低盐食物。

为了让宝宝和家人吃一样的食物，许多父母为保险起见，选择自己的食物里也不放盐。改变食材和烹饪方式之后，他们通常发现自己很快就不习惯太咸的食物了。如果觉得味道太淡，可以用香料和香草来代替盐，而且很多父母会惊讶地发现，宝宝很喜欢含香料的食物。但是要记得，一开始不要给宝宝食用很辣的辣椒。

成人可以随时在餐桌上给自己的食物添加盐，但要注意，随着宝宝渐渐长大，他会模仿你所做的一切。因此，说不定有一天，他也会抓起一把盐撒在自己的食物上。

每周1～2次，可以给宝宝食用少量的高盐食物

在给宝宝吃下面的食物时，可以喂给宝宝一点儿水或母乳，这样能够帮助宝宝的身体代谢掉多余的盐分。

- 硬质奶酪（比如帕尔玛奶酪）；
- 香肠（包括意大利辣味香肠、萨拉米香肠）；
- 火腿；
- 培根；
- 烘豆；
- 酵母膏；
- 比萨。

尽量避免的高盐食物：

- 即食食品；
- 部分早餐麦片（需要查看标签）；
- 咸味零食，比如薯片；
- 即食的咸味派；
- 即食的比萨或咖喱汁；
- 番茄酱、红烧酱汁等酱汁；
- 即食的肉汁或浓缩固体汤料；
- 罐装的汤和调味包；
- 烟熏肉和鱼；
- 凤尾鱼；
- 腌制橄榄；
- 酱油。

糖

糖通常被加入食物中以增加甜度，但它不含任何营养成分，所以它提供的只是“无营养的卡路里”。糖还会损伤牙齿，甚至会影响还没有长出来的牙齿。一开始给宝宝提供的食物，要尽量选择天然低糖的食物，这样可以帮助宝宝今后降低对甜食的热爱。

当然，父母没有必要给宝宝提供完全无糖的饮食，偶尔给他们吃些蛋糕、饼干或甜布丁也无可厚非。不过，糖果和碳酸饮料没有任何营养价值，最好不要给宝宝食用。即使有些商品宣称是专门为宝宝设计的，但仍然可能有很高的含糖量。这些糖分通常会被“藏匿”在汤汁、早餐麦片以及各种味道的酸奶和烤豆里面。小心标签上的如下名称：蔗糖、葡萄糖、果糖、葡萄糖浆、玉米糖浆，这些都是类型各异的糖。

你在家自己烘焙时，可以通过调整配方来降低糖的含量。比如在做苹果派时，使用（含糖量相对低的）生苹果来代替糖水罐头苹果；或者在制作甜品时，用香蕉泥来代替糖。你也可以用糖蜜来代替糖，这是一种富含营养的天然增甜剂。其实，可以对照食谱把糖的用量减半，这样对口感的影响并不是很大。

其他不适合宝宝吃的食物

含有许多添加剂、人工防腐剂、增甜剂的食物，最好都要避免给宝宝食用。通常来说，食物包装盒上的配料表成分越少越好。当然，如果可以，用新鲜的食材来烹饪是最好的。

以前，父母们被建议尽量避免给宝宝吃蛋清。现在已经不必再有这种顾虑了，宝宝在6个月添加辅食之后，就可以吃包括蛋清在内的所有固体食物。不过，一定要保证鸡蛋（包括蛋黄）完全被煮熟，因为生鸡蛋里面可能含有沙门氏菌，会导致严重的肠胃感染。

生蜂蜜最好在宝宝1岁以后再开始食用，因为生蜂蜜可能含有肉毒杆菌，它将导致另一种非常严重的感染。

粗糠和麸制食品（通常被称作“高纤维”谷物）也不应该给1岁以内的宝宝食用，因为它们会刺激消化道，并阻碍身体对铁和钙等必要营养元素的吸收。

饮料

除了正常的喂奶以外，宝宝不需要除母乳或水以外的其他任何饮料（关于饮料的详细知识，请参见第163～164页）。避免以下这些饮料：

- 咖啡、茶、可乐。这些饮料都含有咖啡因，会刺激宝宝，让他们变得急躁。茶也会影响宝宝的身体对铁的吸收。
- 加糖的饮料、碳酸饮料、未被稀释的果汁。这些饮料不仅含糖量很高，并且酸度也很高。
- （动物）奶。动物的奶很容易让宝宝有饱腹感，因此可能会影响宝宝喝母乳或配方奶的量。在宝宝1岁以前，不能把（动物）奶当作饮料给宝宝喝，但从宝宝6个月起，可以在烹饪时或在麦片里添加动物奶。

除了上面提到的这些食物和饮料之外，你吃什么，宝宝就可以跟着吃什么。如果你的家族没有过敏史（详情请参见第113～116页），就可以给宝宝提供各种各样营养均衡的食物——最好是你自己平时吃的东西——然后让他自己选择吃什么。事实上，如果宝宝在小的时候被允许尝试（或拒绝）更多味道和材质的食物，他长大后就更愿意接受各种健康的食物。

过敏的诱因

如果你在宝宝满6个月后才开始引进固体食物，就已经帮助宝宝降低了食物过敏的风险。但是，如果你的家族对以下食物过敏：花生、贝类、小麦、草莓、柑橘、猕猴桃、坚果、籽类、西红柿、鱼、鸡蛋和乳制品，那么你在引进固体食物时就需要谨慎一些。尽可能长时间的母乳喂养，可以帮助降低过敏的风险，特别是在引进一种新食物时。如果你对某种食物有顾虑，可以在添加这种食物后间隔几天再继续添加，这样你就更容易发现宝宝对这种食物的身体反应。如果有任何疑问，可以和你们的卫生访视员讨论。如果你的宝宝已经有了自己的营养师或儿科医生，请询问他们的意见。

不是所有异常反应都是过敏导致的，有些只是暂时的食物不耐受造成的。很多小时候对某些食物有不良反应的宝宝，3岁之后再吃这些食物就完全没有问题了。因此，即使你的宝宝对某种食物反应很大，也不意味着他就永远不能再吃这种食物。

有些宝宝在吃了柑橘或草莓之后，会在嘴巴附近长出湿疹。这很可能是宝宝对食物当中含酸量过高做出的反应，但也不排除过敏的原因。如果你并不确定，请寻求医疗建议。如果发现宝宝拒绝吃一些食物，请相信他的判断。很多父母都回忆说，他们的孩子小时候拒绝食用的食物，后来发现是致敏食物。

在奥斯卡8个月时，他吃了一个草莓后，脸上就长出了奇怪的湿疹，之后他就再也不愿意吃草莓了。他会把草莓捏碎或压碎，但再也不吃它了。

——纳塔利，奥斯卡（14个月）的母亲

麦和麸

关于什么时候可以引入含麸质（面筋）的食物，仍有很多争议。全麦制作的食物（比如面包、蛋糕、意大利面等）都含有麸质。那些对麸质不耐受的人不能吃含有燕麦、大麦或黑麦的食品，但其实小麦才是罪魁祸首。有些证据证明，越早尝试麸质食物，越能降低不耐受的可能性；而另一些研究却建议，要等到宝宝1岁以后才能引入麸质食物。如果你有小麦不耐受或过敏家族史，在给宝宝食用含小麦的食物前最好咨询你的医生。

幸运的是，只要你愿意，想避免小麦并不是很困难。现在绝大部分超市都有很多不含麸质的面包、意大利面和其他食物。此外，大米、玉米、荞麦、藜麦都是非常好的替代品。用较古老的小麦品种（比如斯佩耳特小麦和卡姆麦）或小麦胚芽（相对于小麦谷粒而言）制成的面粉，较其他种类的小麦制成的面粉更容易耐受。在一些食谱当中，常常用花生、豆粉（比如鹰嘴豆制成的面粉）来替代含麸质的面粉。

如果有可能，尽量确保宝宝饮食真正的多样性，千万不要在一天内给宝宝大量的单一食品。反思一下，是不是你的一些生活习惯导致你让宝宝每天吃相同的、有限的食物种类。比如，许多英国人每天习惯至少吃两顿乳制品和全麦食物，每天都如此，而这两种食物是导致英国人不耐受和过敏的普遍原因。

BLW故事

弗恩在6个月的时候还不知道食物是什么。在7个月时，她开始意识到我们在吃东西，但如果我们把自己盘子里的食物放到她面前，她不会太关注。直到最近，她开始注意食物了。她10个月大时，完全没必要用勺子喂她吃泥状的食物，给她一把合适的勺子，让她自己学习如何吃反而更容易。

她会啃一块鸡骨头。如果她拿着一根香蕉，她会在牙床上磨几下，然后吐出来玩一会儿，但并不一定会吃下它。至少最近她会把食物放进嘴巴里，而之前她几乎立刻就吐出来了。

我们家族的很多人都有过敏史，弗恩通过我的母乳对我吃的某些食物也有非常严重的反应。我们排查出引起她过敏的食物有虾、葡萄和猪肉。自从我对这些食物忌口后，她明显好多了。所以，我试着先引入一些基础食物，看她能否适应，她那时只吃过香蕉、牛油果、鸡肉、芭蕉和土豆。我认为她辅食添加缓慢和她过敏有关。

我们大家庭里还有一个宝宝，比弗恩大两周，她4个月时就开始吃固体食物，现在已经每天吃三顿辅食，而且持续很长时间

> 了。我们有时会拿两个宝宝做比较。虽然所有人都知道弗恩和那个宝宝一样健康，但是他们还是会问："她到底吃进去了吗？"有些家人觉得没有问题，但有些会觉得我应该喂她吃。他们可能认为弗恩现在应该吃别的宝宝都在吃的东西，但我觉得"当宝宝自己准备好，才算真的准备好了"。更何况她并没有变得消瘦，还挺大个儿的呢。
>
> ——桑德拉，鲁宾（3岁）和弗恩（10个月）的母亲

是否让你的宝宝避免某些食物，并不应该影响你决定是否让宝宝自主进食，只要你对提供给他的食物稍加注意就行了。例如，许多家长在宝宝1岁左右将家庭的饭菜进行一些调整，把那些不想让宝宝吃的食物排除在外。

脂肪

相比成年人，婴幼儿的饮食当中需要更高比例的脂肪含量，因为他们更容易消耗能量。如果你的家庭饮食中脂肪含量较低，你需要提供给

宝宝一些高脂肪的食物。不过，你也不必操之过急，因为在宝宝开始吃固体食物的最初几个月，他可以从母乳或配方奶中摄取绝大部分的营养。无论是母乳还是配方奶，都能提供充足的脂肪。

对于所有的家庭成员来说，最健康的脂肪是非乳制品和非动物脂肪，如植物油、鱼油。不过奶酪和酸奶等乳制品对宝宝是有益的，而且不像成人，他们需要全脂（而不是低脂或脱脂）的乳制品。

很多外卖的熟食中都含有氢化脂肪（或反式脂肪酸），比如饼干、薯片、蛋糕、派、速食餐和人造奶油等。这类氢化脂肪会干扰人体对健康脂肪的摄入，因此最好避免给宝宝吃。

纤维素

大部分膳食纤维对宝宝都是有好处的，它们能帮助宝宝促进肠胃蠕动，但不应该给宝宝提供生麦麸和高纤维的谷物。此外，最好限制宝宝对全麦食物（如全麦面包、糙米、全麦意大利面）的食用量，因为这些食物中所含的纤维很容易让宝宝产生饱腹感，从而导致他们吃不下其他营养丰富的食物。

不过，如果你习惯吃全麦食品，就没有必要完全转换成白面包或者放弃糙米。事实上，让宝宝尽早适应全麦食品是个不错的主意，这样他可以熟悉一下它的味道，毕竟全麦食物通常比加工过的食物更有营养。你只需确保宝宝有足够其他的健康食物可以选择即可，这样他就可以决定该吃多少全麦食物了。有些父母会交替给宝宝吃糙米和白米以及全麦和非全麦的意大利面或面包，这样宝宝就可以尝试种类多样的食物（关于纤维素的知识，请参见第216～217页）。

在最初几个月如何调整食物

这里有一些建议，可以帮助你找到一些你和宝宝都能吃的食物。

水果和蔬菜

硬的蔬菜需要先切成条状或手指状（而不是圆片状），然后煮熟（注意不加盐）。这样，蔬菜就变得松软但还没烂透（“咬起来硬的”食物可能对你来说很可口，但宝宝没有太多的牙齿来处理这样的食物）。煮或蒸都是不错的烹制方式，但为了让味道更好，你可以在烤箱里烘烤这些手指状的蔬菜。这种烹制方式让蔬菜的外面有点儿脆，也让宝宝更容易用手抓握。（记住，有些蔬菜，比如胡萝卜、红薯和欧洲萝卜等，在烘烤后会缩水，所以需要将它们切成更宽大一些的手指状。）

而像黄瓜这样比较软的蔬菜条，生的就可以拿给宝宝吃。

> 我第一次给卡勒姆吃萝卜条的时候没有蒸够时间，所以他只能吮吸萝卜，越吸越滑。过了好久我才意识到，给她准备的萝卜条需要比我们自己吃的多蒸几分钟，这样他才咬得动。
>
> ——露丝，卡勒姆（18个月）的母亲

大块的水果，比如西瓜和木瓜，都可以切成条状或楔状；而小一点儿的水果（比如葡萄等），可以切成两半。这样宝宝更容易用手抓住，在嘴里移动时也更安全。像苹果、生梨、油桃这样的水果，可以整个拿给宝宝吃。软苹果比脆苹果更好，因为宝宝更容易咬，也不太可能裂成大块。

在给宝宝提供水果和蔬菜时，最好保留一些外皮，这样宝宝会更容易抓握——至少在宝宝能够真的咬下几口之前，都建议这么做。苹果、生梨、牛油果、杧果和土豆都可以留下一些外皮让宝宝吃。宝宝很快就能学会如何抓住水果皮，并用牙齿咬（或用牙床来啃）里面的果肉。

许多父母也会给宝宝提供带皮的香蕉：先把皮洗干净（以防宝宝啃皮），然后去掉一些皮，露出大概一英寸长的香蕉，这样香蕉皮看起来就像冰激凌桶。一旦宝宝的抓握技能更熟练，你就可以为他提供不带皮的香蕉，让他尝试需要花费多大力气才能抓住香蕉，又不会把香蕉完全挤扁！

TIPS

- 可以用波浪刀（20世纪70年代非常流行的工具，用来切波浪状的薯片）把水果和蔬菜切成宝宝更容易抓握的形状；
- 在给宝宝整个水果之前，先咬下一块，这样宝宝会更容易吃到里面的果肉；
- 可以预留一些额外的蔬菜冷冻起来，这样你就可以吃那些不愿让宝宝和你一起吃的食物；
- 蔬菜泥可以浇在意大利面上当作酱汁，而且不会太稀。

肉类

一开始你最好提供给宝宝大块的肉，这样他更容易抓起来啃或咀嚼。鸡肉是最适合宝宝一开始吃的肉类，特别是带骨头的鸡肉，宝宝啃起来更方便。鸡腿是最好的选择，不仅容易让宝宝抓握，而且鸡腿肉也比鸡胸肉更嫩。不过，在给宝宝提供鸡腿之前，请确保已经剔除任何小骨头。在给宝宝提供其他肉类之前，也要去掉所有的软骨。

炖肉比烤肉更嫩。没有必要每次都给宝宝提供大块的肉，而且很快你就会惊喜地发现，宝宝可以用手指抓住剁碎的肉了。（事实上，这种“一口大小”的食物，一开始反而是宝宝最难吃到嘴里的食物，因为他一旦抓在手心合上手掌后，就很难吃到。）

对于猪肉、牛肉、羊肉等肉类，如果逆着肉的纹理切，会让宝宝更容易咀嚼。而对于家禽（比如鸡、火鸡、鸭等），则应该顺着肉的纹理切，否则宝宝抓住的时候容易碎裂。

几种简单的宝宝第一口手指食物

蒸（或略煮）的整颗蔬菜，比如四季豆、玉米笋、荷兰豆等；

蒸（或略煮）的花菜或西蓝花；

蒸、烤或炒的蔬菜条，如胡萝卜、土豆、茄子、红薯、甘蓝、欧洲萝卜、胡瓜、南瓜；

生的黄瓜条（注意：可以给正在出牙的宝宝预先准备一些放在冰箱里，因为冷冻后对他们的牙龈不适具有缓解作用）；

厚的牛油果片（不要太熟的，否则很容易变成糊状）；

鸡肉（条状的肉或鸡腿），冷热皆宜（热的指新鲜烹饪的）；

薄薄的条状牛肉、羊肉或猪肉，冷热皆宜（热的指新鲜烹饪的）；

水果，比如梨、苹果、香蕉、桃子、油桃、杧果，整个或者切成条状均可；

硬乳酪条，比如切达干酪或格洛斯特硬干酪；

面包条；

米饼或“手指状”吐司，可以什么都不涂，也可以在上面涂点自制的沙丁鱼酱、番茄酱或者干酪。

扫描二维码
了解“手指食物”

此外，如果你想尝试点儿特别的，可以自己做这些：

- 肉丸或牛肉饼；
- 炸羊肉块或鸡肉块；
- 鱼肉做的糕饼或炸鱼条；
- 油炸丸子；
- 红豆饼；
- 米球（使用用来制作寿司的米或印度香米）。

记住，你不需要特别为宝宝设计菜谱，只需要把盐量和糖量控制到最低即可。

面包

面包是一种很好的手指食物，但是不到1岁的宝宝每天吃的面包不应该超过两片，因为通常面包的含盐量很高。绝大部分面包在烤后会比烤之前更松软，因此更容易被小月龄宝宝接受。尤其是白面包，变湿以后会变得像面团一样，让宝宝很难在嘴里进行处理，特别是当这种面包还是新鲜出炉的情况下。扁面包（比如印度扁面包、口袋面包等）不容易碎，因此更适合宝宝一开始食用。

面包条用于蘸松软的食物很方便，比如蘸鹰嘴豆泥。在宝宝自己能蘸着吃之前，可以用面包条蘸好再给宝宝。无盐米饼是面包很好的替代品，特别适合在上面涂些松软的食物或厚厚的酱汁。

意大利面

相对于表面光滑的意大利面，意大利螺旋粉、扇贝面、蝴蝶面更容易让宝宝用手抓握。宝宝可能会发现大部分食物，包括意大利面等，都是“干”的（上面没有酱汁），更加容易抓握。你可以尝试同时给宝宝提供带酱汁和不带酱汁的意大利面，这样他两种都能试一下。

在一开始我会给马修提供很多蒸蔬菜，并切成手指状给他吃，我们自己吃不一样的东西。马修似乎并不在意，他对自己盘子里的蔬菜很满足。现在无论我们吃什么都会给他一些，尽管我还会额外给他做一点儿食物。我老公总说我从来没有像给马修做饭那样给他做过饭。我经常会给马修做些肉丸、自制的鱼柳和比萨，也会尝试给他做一些鱼类食物。

——卡莉，马修（14个月）的母亲

一开始我们会给玛利亚提供几块蒸透的胡萝卜、梨或苹果、鸡肉或羊肉，反正只要我们晚餐吃什么，就提供一点儿给她。她很早就吃过西蓝花，而且很喜欢吃。一开始她只是像吮吸棒棒糖一样吮吸西蓝花，现在她会把西蓝花的顶部咬下来，并且把大部分都吃下去。

——埃里森，玛利亚（7个月）的母亲

米饭

米饭在膳食结构中是很好的营养基础，但是很多父母常常发现他们需要改变烹制的方法或更换大米的种类，这样才能让宝宝更好地接受。

短粒米（比如泰国大米、日本寿司米、意大利米甚至布丁米）通常都有点儿黏，比较适合宝宝用手去抓；而长粒米就没有那么黏，但如果稍微多烧一会儿或隔夜再吃，宝宝会更容易接受（关于存储大米的安全注意事项，请参见第249～250页）。

当然，所有宝宝最终都会找到吃米饭的方法：有些会把脸凑到盘子跟前，用嘴巴直接把米饭“铲”进去；有些喜欢练习用手指（即用大拇指和食指）捏，每次只捏一粒米——虽然有点儿慢，但是很有趣，对手眼协调能力也很有帮助。

学习蘸着吃

大部分宝宝从9个月开始就可以蘸东西吃了。和其他技能一样，每个宝宝开始蘸东西吃的时间或早或晚。“蘸着吃”会带来很多乐趣。这意味着宝宝不用勺子就可以吃到松软的食物或流质食物（比如酸奶、粥等），而且蘸着吃也为宝宝之后学习使用勺子打下了基础。他也许会发现自己可以用任何食物蘸着吃，所以请你准备好接受一些意想不到的组合，比如用烤过的欧洲萝卜去蘸蛋奶冻！

可以用什么蘸着吃

◆面包条；

◆薄煎饼片、口袋面包或吐司；

◆燕麦蛋糕或米饼（无盐），掰成两半后更容易蘸取东西；

◆比较硬的水果条，比如苹果；

◆生的蔬菜条：胡萝卜、芹菜（需要把筋去掉）、红辣椒或绿辣椒、小胡瓜、黄瓜、四季豆、荷兰豆；

◆稍蒸过的整颗玉米笋；

◆烤过的手指蔬菜：胡萝卜、南瓜和其他大型瓜类、欧洲萝卜、小胡瓜、土豆、红薯等。

简单易做的美味蘸料

下面的蘸料可以买现成的，但绝大部分都可以自己在家做，既方便又快捷。通常只需要一些基本的素材，再加入橄榄油或酸奶，然后放在食物加工机里进行混合即可。

◆鹰嘴豆泥；

◆牛油果色拉；

◆混合豆类蘸料；

◆菜豆和西红柿；

◆灯笼椒（甜辣椒）和小菜豆；

◆乳酪蘸料；

◆奶油奶酪和酸奶配韭黄；

◆酸奶和豆腐；

◆酸奶和黄瓜；

◆鱼肉酱（沙丁鱼、三文鱼或鲭鱼都是不错的选择，与意大利乳清干酪和酸奶混合）；

◆坚果蘸酱；

◆木豆糊（木豆配香料）；

◆茄泥蘸酱（中东茄子酱）。

BLW故事

我花了两到三个月的时间，才真正相信本杰明知道自己需要吃什么。我一直听周围的人说："宝宝过了6个月就要额外摄入铁……他们需要吃这个，他们需要吃那个。"我以前总担心他是否吃得足够好。比如，我知道豆类对他有好处，但是我不知道如何让他吃豆类。（我那时完全不知道可以把豆类放在吐司或米糕上面给他吃。）

所以，我那时感到有点儿恐慌，会在心里琢磨："让他自主进食的同时，我也给他喂一些果泥或菜泥，这样至少可以确保他能从那些无法抓起或咀嚼的食物里获得一些营养。"后来，我坚持喂了他几个月果泥和菜泥，但是每天晚上我都需要花两个小时为他准备第二天的食物。在大概10个月时，他能够吃进更多的食物了，这时我们开始完全实行宝宝自主进食的方法。我真希望自己还没有失去信心，真的，因为如果当时我继续坚持自主进食的方法，就会简单很多。

当然，我们发现本杰明喜欢掌控他自己吃的食物。相比被我们用勺子喂，他太喜欢自己吃了。他对勺子里的东西很怀疑。如果我们成功喂他一小口，也许他会决定继续吃，但事实上，我们通常直接把勺子塞进他嘴巴里，想看他是不是喜欢勺子里的食物——有时候他能够接受，有时候却完全拒绝。要保证他一开始有足够的营养摄入，这感觉像是一项重大的责任。

——雅纳，本杰明（13个月）的母亲

早餐

刚开始接触宝宝自主进食的父母，经常会疑惑应该给宝宝吃什么样的早餐。他们很难想象一大早就让宝宝和他们吃一样的食物。不过在这个阶段，宝宝很可能对早餐一点儿也不感兴趣——很多宝宝一大早就想依偎在你怀里让你喂奶。一旦他开始对早餐感兴趣，下面的贴士和建议也许会对你有所帮助。

◆如果你允许宝宝尝试，他们通常可以非常好地用手指来处理糊状食物，比如牛奶麦片等。这样他就可以和其他人吃一样的食物了。

◆记得给宝宝留出足够的用餐时间——很多家庭的早餐都非常匆忙，但宝宝需要时间来尝试并吃下食物。

◆在一周内给宝宝提供尽可能多的食物种类（许多父母自己习惯每天早上吃一样的东西）。

◆仔细阅读食物标签，许多品牌的麦片（尤其是那些针对宝宝的麦片）中糖和盐的含量都很高。

◆完全避免那些裹着巧克力、蜂蜜和糖的麦片，以及高纤维麸皮为主的麦片。

早餐可以吃什么

新鲜的水果。

自制的粥。做的时候可以添加炖熟或磨碎的苹果、梨、黑莓、蓝莓、葡萄干、杏干、枣、蔓越莓或无花果。也可以放点儿果泥、现磨的花生或葵花籽、草莓、少量的糖蜜。虽然粥通常是用燕麦做的，但也有一些是用大米片、小米片或藜麦片做的。这些原料通常在一些健康食品商店都能买到，而且越来越多的超市也开始卖。

活菌、全脂的天然酸奶搭配新鲜水果。（宝宝和幼儿通常喜欢在酸奶里面拌一些莓类、炖熟或泥状的水果，或拿小块水果蘸着吃。）

炒蛋（全熟）。

麦片——放在牛奶里或干吃都可以。有些宝宝习惯吃干的麦片，另外一些宝宝则喜欢吃糊状的。迷你麦片、小麦麦芽、玉米片、大米脆片等麦片都比较适合宝宝吃，因为这些麦片中糖和盐的含量都不高。（提醒：维他麦中加入少量牛奶，会更容易被宝宝抓住。）

吐司、燕麦蛋糕或米糕上面涂点儿坚果酱、奶油奶酪或100%纯水果酱。

吐司上放烤豆。

吐司上涂奶酪。

便于带在路上的食物

一旦宝宝开始依靠固体食物填饱肚子，你在出门时最好随身带点儿健康的零食，以防到家前宝宝就饿了。下面列举一些容易带在身边的食物。

◆水果（特别是像苹果、梨、香蕉或无核小蜜橘等不用很麻烦就能吃的水果）；

◆沙拉（西红柿、黄瓜条、辣椒和去掉筋的芹菜）；

◆煮熟且冷却后的蔬菜（胡萝卜、西蓝花等）；

◆煮熟且冷却后的玉米棒；

◆三明治；

◆乳酪块；

◆意大利面沙拉（煮熟且冷却后的意大利面）；

◆酸奶——原味的、全脂的或活菌的酸奶，最好再配上新鲜水果（有的风味酸奶和低脂酸奶通常含有很多糖分）；

◆牛油果蘸料或鹰嘴豆泥，配上面包条、胡萝卜条等；

◆低盐燕麦蛋糕、米糕或吐司，配上果酱、奶油奶酪或无糖的水果酱；

◆杏干、葡萄干或其他水果干（不过要适可而止，因为吃太多会对牙齿不利），最好选择没有经过二氧化硫处理的那些品牌（未经硫处理的杏干通常是深棕色，而不是淡橘红色的）；

◆新鲜制作的水果奶昔；

◆干的低糖早餐麦片。

记得仔细阅读标签。面包脆片、磨牙饼干和许多零食虽然是专门为儿童设计的，但往往含有很多糖分和添加剂，因此最好不要选择。

甜点

现在还有很多人保留着以往的陈旧观念，即认为布丁能够帮助孩子摄入热量——那时“肉乎乎”被认为是健康的标志。在战争年代，很多家庭都会用布丁来喂饱孩子，因为当时更有营养的食物，比如肉类等，不是缺乏供应就是太过昂贵。

很多富有营养的点心都可以提供给宝宝，偶尔的甜食也不会对他造成任何伤害。但如果每餐都有甜品（甚至只是甜味的酸奶），就可能会让宝宝变得爱吃甜食，并且他今后会期待每餐都有布丁。宝宝的味蕾会在第一年的进食过程中逐渐发育和健全，你可以帮助他形成好的（或者坏的）饮食习惯，而这种习惯会跟随他一辈子。此外，如果宝宝每顿都吃甜品，家里很容易出现“你吃完蔬菜就可以吃布丁”的戏码，尤其是在宝宝吃正餐时花费时间比较长的情况下。

如果你特别想吃甜点，可以尽量选择健康的（最好是家里自制的）甜点。即使市面上出售的号称“健康”的产品，也通常含有大量的人工甜味剂和添加剂。请记住，当其他所有人都在吃东西的时候，你的宝宝也很想尝试。因此，如果你不想让宝宝吃不健康的布丁，可以等他睡着以后你再吃，或者给他一些看上去很像布丁的食物。（不过，这种方法不是总能骗过宝宝！）当然，如果你能做些像主食一样富含营养的甜点，就不必担心宝宝偶尔想吃甜食。

健康的甜点：

- 新鲜的水果；
- 水果沙拉；
- 原味、全脂、活菌的酸奶配上新鲜或炖熟的水果；
- 家里自制的米布丁；
- 家里自制的牛奶蛋羹；

◆苹果甜品（用生的甜苹果，而不是烹饪用的苹果来制作，这样就不用加入过多的糖）；

◆烤梨或烤苹果。

我们在家尽量不吃太多的甜食，但如果外出就餐时点了布丁，米拉也会吃一点儿。我不觉得应该禁止她吃我们正在吃的东西，这似乎有点儿太苛刻了。当然，我自己其实也不应该吃！但是我不会说：“哦，不！这是给大人吃的。”这样不太公平了，而且这样反而会让她更渴望吃甜食。

——卡门，米拉（2岁）的母亲

常见问题

问题1　宝宝一开始不应该一次只吃一种食物吗？

以前父母总被告知（现在有时也会）：一开始每次只引进一种新的食物，接下来好几天只吃这种食物，这很重要，可以让宝宝避免不良反应。等宝宝完全适应这种食物之后，再引入其他新食物。如果你实行了宝宝自主进食的方法，除非你有家族过敏史，否则完全没有必要遵守这个建议。原因有两个：第一，6个月的宝宝的消化系统要比4个月（即以前建议引进固体食物的月龄）时成熟很多，因此不太可能出现消化问题；第二，宝宝被允许自己吃固体食物时，刚开始他真正吃下去的其实很少，因此每次只能尝到一两种新的食物。

实行宝宝自主进食方法，最重要的是让宝宝在能够真正吃下食物之前先尝尝食物的味道。如果一次给宝宝提供几种不同的食物，宝宝就可以自己选择先吃哪一种，稍后或过几天再尝试其他食物。这对于宝宝的健康有着非常重要的影响。一些实行宝宝自主进食方法的父母发现，宝宝一开始就不愿意吃的食物，后来大多被证明是导致过敏的食物。假设宝宝真的能够靠直觉来避免潜在的过敏源，那么提供给他们容易分辨的食物更容易让他们做到这一点。让宝宝尝试诸如“一块肉和两棵蔬菜”或水果沙拉之类的晚餐是非常好的，而且最好让宝宝跟其他家庭成员吃一样的东西，而不是把食物混合在一起打成泥，或搅拌在一起。对于有过敏史的家庭而言，宝宝自主进食的这一特点尤为有用。

问题2 宝宝需要补充维生素吗？

调查发现，在最初的6个月，母乳或配方奶本身就可以完全满足宝宝的营养需求。而6个月之后，理论上宝宝可以从固体食物中摄入额外需要的营养成分。但保险起见，英国卫生局建议，6个月后的母乳喂养宝宝，或每天吃不足500毫升配方奶的宝宝，需要补充维生素A、维生素C和维生素D（婴儿和儿童配方奶粉当中都含有这些维生素）。补充剂通常是液体的形式，比如滴剂。

对于无法吃到某些特殊食物的家庭，或无法获得营养食物的家庭来说，维生素补充剂能为宝宝提供类似营养“缓冲”的作用。现代食物生产和储存的方法，导致很多食物在买回来之后就已经流失了不少营养，营养补充剂也能弥补这部分营养损失。

有些宝宝（和他们的妈妈）可能会缺少维生素D。维生素D大部分是靠太阳照射在皮肤上合成的。但对于英国等靠近地球北部的国家，冬天那几个月的阳光非常弱，不足以产生足够的维生素D。黑皮肤的人情况会更糟糕，因为他们的肤色更不容易吸收阳光。过分频繁地使用防晒霜，也会妨碍维生素D的生成。而这其中最容易缺乏维生素D的，是那些遮盖脸部和身体或不经常出门的妈妈和宝宝们。以上提到的孕妇、母乳妈妈和她们的宝宝，都建议补充维生素D。

总之，我们需要记住，挑食的宝宝比均衡饮食的宝宝更容易缺乏维生素和矿物质。有宝宝自主进食经验的父母都会发现，相对于由父母主导辅食添加的宝宝来说，自己掌控辅食添加过程并决定吃什么食物的宝宝更不容易挑食。这也意味着宝宝自主进食本身是一种很好的方式，可以保证宝宝的饮食均衡且营养丰富。

如果你决定不给宝宝添加维生素滴剂，就要确保提供给宝宝的食物中含有足够的维生素和矿物质（详情请参见第220～221页）。尽量吃新鲜的食物，并用科学的烹饪方式和存储方式来最大程度地减少营养成分的流失，也会有所帮助（详情请参见第211～213页）。

问题3 听说牛奶对宝宝很重要，但也听说牛奶会导致哮喘或湿疹。到底哪种说法是正确的呢？

第二次世界大战以后，英国奶制品推广委员会非常成功地宣传了牛奶对儿童的好处，所以很多人相信婴幼儿每天都要喝一定量的牛奶。事实上，牛奶本身并没有什么神奇之处。许多不喝任何动物奶和或不吃任何奶制品的国家，居民都非常健康。

所有哺乳动物的奶，都是为了给同种动物的幼崽提供身体所需的、比例最优化的营养。对于人类宝宝而言，唯一达到这个要求的就是人类自己的母乳。如果宝宝喝了太多牛奶，就会影响他的胃口，使得他吃不下其他食物，从而可能导致贫血或其他营养不良的疾病。这也是不建议1岁以下的宝宝喝牛奶的原因。

有不少人会对牛奶过敏，因此，如果你有严重的家庭过敏史，牛奶最好不要出现在宝宝的饮食中。（山羊奶和绵羊奶都是牛奶的替代品，不过它们也可能会引起过敏。）

当然，牛奶是蛋白质、钙、脂肪和维生素A、维生素B、维生素D的重要来源，且价格低廉又容易买到——这正是牛奶会被加入许多其他食物中的原因。事实上，除非你非常注意，否则很难做到完全不给宝宝任何形式的牛奶。牛奶烹制起来很容易，而且是许多布丁和酱汁的主要成分，因此它成为很多宝宝的饮食结构中重要的组成部分之一，但这并不意味着它比其他食物更加重要。

如果你想在宝宝的饮食当中加入牛奶，请注意以下事项。

◆把牛奶当成食物而不是饮料。在烹饪过程中使用牛奶，或等宝宝1岁后把牛奶（可以搭配面包和水果）当作零食提供给他，由他决定要不要喝。

◆宝宝6个月之后，就可以为他提供全脂乳制品，比如乳酪、黄油和酸奶等。

如果你更倾向于完全不给宝宝乳制品，请注意以下事项：

◆确保宝宝能从其他的食物中得到足够的蛋白质、钙、维生素A、维生素B和维生素D以及脂肪（详情请参见第7章）。

◆可以尝试动物奶的替代品，比如用大米、燕麦、豆浆做的“奶”。它们不是真正的奶，但在一些食谱中可以当作奶来用（不过这些替代品也同样可能引起过敏）。

◆咨询营养师或营养学家，可以确保提供给宝宝均衡的饮食。如果你因为担心过敏而回避了一系列食物，这一点就显得尤为重要。

问题4　我妈妈总是问我是否已经给我儿子吃麦片了。麦片很重要吗？我儿子现在快7个月了，他现在似乎很享受尝试蔬菜和水果的过程，并没有因为没有添加麦片而出现不健康的状况。

自20世纪50年代以来，米饭、酥脆面包干或粥一直是英国宝宝的第一口辅食，而且通常从宝宝3~4个月开始用勺子喂养。那时之所以重视麦片，一方面是因为麦片比较清淡，大家认为宝宝更容易接受和消化；另一方面是因为那时人们认为宝宝需要获得卡路里才能“吃饱”，也更健康。

不过，我们现在已经知道了以下的常识。

◆6个月以下的宝宝并不能很好地消化淀粉（而这正是麦片的主要成分）；

◆绝大部分6个月以下的宝宝不需要除奶以外的其他任何食物；

◆宝宝和儿童需要均衡的饮食结构，而不只是吃含有过多碳水化合物的单一食物。

麦片的淀粉含量很高，这意味着它被消化的速度很慢，并且很容易产生饱腹感。所以，即使给小宝宝吃很少的麦片，也足以让他没有胃口再喝奶了。相比其他食物，母乳（或配方奶）含有更多的营养，因此对宝宝的健康也更重要。尽管如此，很多人仍然认为提供给宝宝容易吃饱的食物是件好事，因为这能让他们睡得更久。

当然，只要在6个月前没引进麦片，就不会干扰宝宝总体营养的摄入，但前提是宝宝可以自己决定吃多少。不过有一个问题，麦片总是跟勺子喂养联系在一起，这很容易导致宝宝吃过量，而不仅仅是尝尝味道。

6个月的宝宝第一次吃固体食物时，最重要的是提供给他们容易抓握和咀嚼的食物，煮熟的蔬菜、生的或煮过的水果最合适不过，因为它们不但味道好、颜色鲜艳，并且富含重要的维生素和矿物质，又不容易出现饱腹感。肉类富含铁和锌，偶尔给宝宝提供一些肉类也是个不错的主意。要知道，宝宝在这个阶段对淀粉食物的需求真的不高。

因此，将麦片作为宝宝食物结构中的一部分是没有问题的，比如可以提供给他一片面包或一把米饭让他自己抓着吃，但麦片不必成为宝宝的第一口食物。总之，提供给宝宝不同种类的食物，并允许他自己决定吃什么和吃多少，将是他摄入身体所需的、比例最优化营养的最好方法。

问题5　我的宝宝8个月大了，仍然吃得很少。他平时精神不错，发育也很好，但是别人建议我们应该“确保”他摄入充足的铁元素，特别是他还是母乳喂养的。请问实行宝宝自主进食方法时，我该怎么做呢？

母乳确实不像肉类或一些强化食物那样含有较多的铁，但是母乳中的铁非常容易被吸收（配方奶中也含有许多铁元素，但是不容易被吸收）。

除了从母乳中获得铁，宝宝在子宫里就开始吸取并储备一部分铁。宝宝出生后，储备的铁会逐步被消耗掉。所以，宝宝6个月以后就需要逐渐从母乳以外的食物中获得额外的铁。不过这个额外的需求量并不大，母乳仍然可以满足宝宝对铁的绝大部分需求量。因此，这个阶段宝宝即使吃得很少，也能获得足够的铁元素。

最重要的是，你应该提供足够多不同种类的食物让宝宝选择，这样他就更可能吃到身体所需的食物。肉类和肉制品是很好的获取铁的途径。吃肉的同时，吃一些富含维生素C的食物，能帮助宝宝的肠胃更好地消化肉里所含的铁。许多食物（比如早餐麦片和大部分面包）都是铁强化的食物。经常提供给宝宝肉类、水果、蔬菜和一些铁强化的食物，就能帮助他从饮食中获得尽可能多的铁元素。

尝试提供给宝宝不同形式的肉类（包括剁碎的），能帮助宝宝更容易把肉类放进嘴里并吃下去。记住，很多铁都存在于肉汁（血）中。因此，虽然宝宝还不能完全咀嚼，但他即使吮吸一片肉，也能获得很多好处。

鸡蛋、豆类（比如青豆、扁豆、豌豆等）、干果类（比如杏干、无花果干、西梅干等）以及绿叶蔬菜，都是素食主义者很好的铁来源。对素食主义者来说，多吃富含维生素C的食物尤其重要，这能帮助他们的身体更好地吸收铁元素（更多细节请参见第7章）。

宝宝自主进食的中期阶段

“看着孩子可以自己吃那么多不同的食物，进食能力也在不断提高，我觉得特别开心。可能一周前她还无法抓起一把米饭，但一周后她就做到了，再过几天她竟然可以用大拇指和食指抓起几粒米饭了。之后一段时间，她一直没什么进步。突然有一天，她竟然会拿起勺子并放进嘴里了。但我们不能教她，我们唯一要做的就是安心地坐着，看她学习这些技能。

——玛格丽特，伊森（21个月）的母亲

尊重宝宝的节奏

随着时间的推移，你会发现宝宝的进食能力在不断提高，他逐渐可以处理不同口味、不同材质和不同形状的食物了。但是也有很多父母会觉得宝宝进食能力的发展没有预期中那么顺利。有的宝宝一开始热情高涨，但一两个星期以后对食物的兴趣就开始减退。有的宝宝需要很久之后才开始正式吃食物。对于采用自主进食方法的宝宝来说，这些都是正常的。父母对于宝宝辅食量增加速度的预期，通常都是不现实的，而且这是以父母为主导而不是以宝宝为主导的辅食添加方式。如果宝宝被给予充分的自主权，很少有宝宝是按照固定的进度来添加辅食的。所以，最好不要考虑宝宝“应该”怎么样，而是让你的宝宝自己来控制辅食添加的节奏。

如果你每天可以和宝宝一起吃饭，请让他自己决定喝多少奶，他会按照自己的节奏逐渐过渡到一日三餐（之后他会决定自己需要添加几顿零食）。但这一切也许没有你预期中发生得那么快。很多父母都被告知，宝宝8个月之后就应该一天吃三餐了。这个月龄的宝宝一天可能会玩三次食物而乐此不疲，但其实并没有吃下多少食物，甚至很多宝宝在早餐时除了母乳之外拒绝进食其他任何食物。完全没必要催促宝宝吃饭，这不仅不会帮助他学得更快，反而容易让他感到焦虑和沮丧。倒不如让吃饭时间是放松、愉快的，并让宝宝自己决定什么时候做好吃更多食物的准备。

在宝宝7～9个月时，通常会经历一个“平缓期”——他们会突然变得完全不想吃固体食物，体重增长也开始放缓。只要你的宝宝身体健康，仍然喝足够量的奶，每餐都和你一起进食，那么你就不需要过多担心。这种情况通常很短暂，而且该阶段之后会出现一个“高速增长期”，那时他的胃口和进食技能都会大大增长。很多父母会这样描述“高速增长期”：宝宝突然“开窍”了，“真正”开始吃饭了。

不管你的宝宝有没有经历这个阶段，从某个阶段开始，你会发现宝宝玩食物的情况变少，进食变得更有目的性了。开始“真正”吃食物的情况，一般发生在宝宝八九个月到1岁，这时宝宝的喝奶量通常会下降。再次强调，成功实行宝宝自主进食最好的方式，就是父母要跟随宝宝的胃口和进食技能，提供给宝宝大量的机会，让他锻炼处理各种食物的能力。宝宝进食时，保证有人在旁边让他模仿，并且允许他按照自己的节奏来探索。到宝宝10个月左右，你会发现他可以吃大部分家庭成员所吃的食物，而你也不需要每天为他吃什么而大动脑筋，因为他已经能够轻易地处理绝大多数的食物了。

杰克1岁左右时，我发现他开始真正为了吃而吃食物，而不只是为了探索食物。这是个非常明显的转变，他不再把玩食物，而是清楚地知道食物是可以填饱肚子的。

——维克，杰克（3岁）的母亲

味觉探索

一旦你让宝宝开启自主进食的旅程后，很关键的一点是你需要让宝宝体验足够多样食物的味道。他现在接触的味道越多，以后对新食物的接受度就越高。很多父母在开始几周会给宝宝提供口味清淡的食物，比如清蒸的蔬菜和水果等，但没有必要限制宝宝只吃这些跟市面上的成品辅食一样清淡的食物。

所有的宝宝在妈妈肚子里就开始接触多种口味，因为他们会吞咽羊水，而羊水的味道会随着妈妈的饮食习惯发生改变。母乳喂养的宝宝每天品尝到的母乳味道，也会随着妈妈的饮食而改变。宝宝通常都喜欢新的口味，即使是比较重的口味，只要是妈妈经常吃的，他都可以接受。事实上，经研究发现，母乳喂养的宝宝更愿意接受跟母乳味道相似的食物，原因可能是他们觉得这些食物是安全的。不过，很多人会认为宝宝的第一口固体食物应该是无味的。有些文化还会认为，年幼的孩子不能吃蔬菜和肉，所以在2岁之前他们的饮食只能局限于谷物类，比如米饭。这不仅是没必要的，对孩子来说还会很枯燥，甚至会引起营养不良。

在烹调食物时加入香料或气味较重的蔬菜，不仅可以增添口味，对家人的健康也很有益，因为很多这类食物都包含有益健康的营养成分。此外，丰富多样的健康食物和味道能为宝宝提供多样的维生素和矿物质。

相比勺子喂养的宝宝，自主进食的宝宝更加乐意接受新食物，因为对他们来说，吃饭是一种愉快的享受。下面这些小贴士，你需要时刻记住。

◆永远让宝宝自己决定他想吃什么——不要尝试劝说宝宝吃他不想吃的食物。

◆宝宝会在嘴巴前端品尝一下食物的味道，如果不喜欢，他就会吐出来，不要指责或阻止这种行为。允许宝宝不吃自己不喜欢的食物，可以让他对新食物产生信任感（很多用勺子喂养的宝宝不愿意接受新食物，是因为食物泥很难被吐出来）。

◆让宝宝和家人一起进餐，这样他就有机会模仿其他人的进餐行为。如果你们全家都在吃咖喱，而且吃得津津有味，那么宝宝很可能会因为好奇心的驱使也想尝试一下。

◆在非三餐的时间，让宝宝尝试一些你家不常吃的食物，这样他可以获得更全面的味道体验。

从一开始，我们就让伊莎贝拉尝试足够多样的味道，我们可以想到的味道都提供给她了，而且现在她几乎也能吃所有的食物。当我们外出旅游时，这样做的优点就表现得十分明显。像德国泡菜、辣椒、烤鸡等这些食物她都可以吃，她对食物的接受范围比我认识的很多成人都广。

——杰尼夫，伊莎贝拉（4岁）的母亲

据一些人工喂养宝宝的父母反映，他们的宝宝因为最初6个月所喝配方奶的味道是一样的，因此宝宝在一开始不太愿意接受新食物。尽管如此，这种情况的持续时间也不会很长，大部分宝宝还是愿意探索的，而且也能接受较重的口味。不管你的宝宝一开始多么抵触新食物，只要为他提供越多的机会去尝试，让他有越多的机会去模仿他人，他就越容易接受新食物。

很多父母惊奇地发现，自主进食的宝宝都愿意吃辣的食物，而且吃一口之后还会继续吃。即使有些食物你家不常吃，在外出吃饭时，也可以尽量多点一些这类食物，这样可以让宝宝尝到更加多样的食物。当然，你点的食物不能太辣，不要期望你的宝宝会喜欢吃咖喱肉（很多国家在一开始会通过降低食物的辣度来帮助宝宝逐渐适应家庭餐）。不要企图说服宝宝吃下去，有些食物的气味很强烈，宝宝需要一点儿时间来慢慢适应。大部分辣味的菜肴都会搭配一些清淡的食物（比如米饭、面条），因此宝宝不会被饿着。准备一点儿清水或原味酸奶，以防宝宝觉得太辣。请记得你自己要先品尝一下食物，在把食物提供给宝宝之前，把菜里面的辣椒挑出来。

引进辛辣食物

由扁豆类制成的木豆食品，是引进辛辣食物很好的选择。你可以在里面添加各种各样的蔬菜，并逐渐增加辣度。木豆食品营养丰富，含有大量的蛋白质和铁元素。皮塔饼、薄煎饼或者吐司都可以用来蘸着木豆吃，也可以直接用手抓着木豆吃，或者将木豆与米饭混合之后做成丸子吃，还可以提前用勺子舀好，再提供给宝宝吃，这样可以让他自己喂自己。

当哈利特大概9个月大时，我们一起出去吃印度菜。她在吃米饭时突然伸手在我盘子里抓了一把菜，里面有一些咖喱酱。那道菜的咖喱其实蛮辣的，对我来说都有点儿辣。我还没来得及制止，她已经全部吃下去了。我以为她会马上吐出来，没想到她犹豫了一下就吞下去了，之后还想吃更多。

——珍，哈利特（2岁）的母亲

了解食物的不同性状

在提供给宝宝不同味道的同时请记住，他也需要体验不同的食物性状。你的饮食会包括大部分的食物性状——流质的、脆的、有嚼劲儿的、黏稠的，等等，如果你平时就习惯吃各种各样的食物，就没必要限制你的宝宝，不要只提供那些你觉得他可以轻易拿起的食物。吃各种性状的食物，可以帮助他发展很多重要的技能，不仅仅是吃饭的技能，还能降低他被呛的风险，并保持口腔健康和增进语言发展。当然，宝宝也会更加享受探索不同性状食物的过程。

在学会使用餐具前，为吃到不同性状的食物，宝宝会发明很多新奇的方法。这些时刻绝对值得你用相机记录下来！不管宝宝正在吃什么，他（和他周围的东西）都可以成为相机记录的素材。他会吮吸意大利面，用手“铲”一把米饭或肉糜放到嘴里，啃鸡腿骨，直接用舌头舔盘子上的食物，或一粒一粒拿起青豆——甚至还会出其不意地快速扔进嘴里（这对手眼协调能力是极好的锻炼方法）。不管你以何种方式烹饪食物，只要宝宝想吃，他总能想办法吃到。

食物的性状并不仅仅限于“硬的”“软的”，还有很多细微的差别，比如：

◆烤过的蔬菜是外脆里嫩的；

◆烤过的面包干是又硬又干的，而苹果是又硬又湿的；

◆梨根据成熟度不同，有硬和软的区别，但都是多汁的；蔬菜可以是脆的，也可以是面的，这主要取决于烹饪的时间；

◆威化饼干咬起来很脆，但一碰到舌头马上就变软；

◆香蕉咬起来硬硬的，但咀嚼起来很软，而土豆泥咬起来和咀嚼起来都很软；

◆车达奶酪很硬，啃起来要花很长时间；爱达姆奶酪的口感有点儿像橡胶；菲达奶酪和英国饼状奶酪都很易碎；

◆红肉是有弹性的，而鱼肉是软且易碎的；

◆土豆泥可以是又干又粉的，也可以是又软又黏的，甚至可以是流质的；

◆鸡腿既有软的肉，也有硬的骨头，要学会如何分离骨肉，是既有趣又富有挑战的；

◆坚果酱和大部分奶酪很软，但也很黏，因此宝宝需要学会如何用舌头在嘴巴里移动它们。

松脆的食物充满乐趣

研究发现，我们吃松脆的食物时会更加开心。据说咀嚼第一口松脆的食物时，被咬碎的声音会激发我们大脑的快乐神经。这意味着吃食物泥的宝宝错过了一个重要的快乐来源，而自主进食的宝宝却能早早享受到这份快乐。

在纳雷什8个半月的时候，他从我的盘子里拿了一些米饭，一开始是一把，后来他开始一粒一粒地拿，再小心翼翼地一粒一粒送进嘴里。在那之前，我完全没想过要提供给他除蔬菜条以外的食物。每次看到他可以如此熟练地处理不同的食物，我总是惊讶不已。

——拉希米，纳雷什（10个月）的母亲

关于流质食物

尽管很多父母都非常乐意看宝宝有创意地吃到各种不同性状的食物，但有一种性状的食物他们通常不允许宝宝自己去尝试，那就是流质食物。这一方面是因为他们无法想象，如果不用勺子喂，宝宝自己如何吃这样的食物；另一方面，他们无法忍受宝宝吃这种食物导致的脏乱程度。但其实宝宝的适应性是非常强的，他们很快就能找到方法来喂自己吃酸奶和粥这类流质食物。有的宝宝发现用自己的手指蘸着吃很方便，有的宝宝不喜欢舔自己的手指，会发明其他的方法，比如直接捧着酸奶喝。

很多宝宝很快就学会用一些硬的食物（比如面包条）蘸流质食物吃，或者在还没明白勺子的作用之前，就学会用勺子蘸着吃。尽管还不会独立用勺子舀取食物，但有的宝宝可以拿起盛好流质食物的勺子，自己喂自己。如果你把粥或酱汁煮得稍微浓一些，你会发现宝宝完全可以用小手喂自己吃。如果流质食物足够浓，你也可以把它们涂抹在米饼、燕麦饼或吐司上再给宝宝吃。宝宝很喜欢含有食物块的浓汤，这样他就可以抓起食物块来吃；如果汤很稀，可以让宝宝用面包或面包条蘸着吃，也可以在汤里放一点儿米饭或面包块来增加汤的浓度。

要想成功实行宝宝自主进食，最关键的是要站在宝宝的角度思考问题，而不是用成人的眼光来看待吃饭这件事。这个阶段暂时不需要考虑餐桌礼仪的问题，宝宝最终会学会这些，这个阶段最关键的是让宝宝学会用自己的方式吃饭。至于脏乱的问题，其实并没有什么措施可以避免，不过我们可以提前预防，以节省清理的时间。更何况你并不需要每天、每顿都给宝宝提供流质食物，而且脏乱的阶段很快就会结束。说实话，等宝宝长大后，你会怀念那个胖乎乎的脸蛋涂满酸奶的样子呢！

最重要的是，永远不要因为宝宝吃饭造成脏乱而对他发脾气，或者让他感受到是因为他的行为导致你不开心。一些婴幼儿患有食物恐惧症，一个普遍的原因就是父母造成的不愉快的就餐氛围。如果宝宝早期吃流质食物的经历是有压力的，今后他再吃这类食物时很可能会出现问题。因此，成功实行宝宝自主进食的关键之一，是永远让就餐时间保持轻松愉快。

> 我做了豌豆火腿汤，菲非常喜欢。我给她一个勺子，她拿着勺子在碗里蘸一下，然后把勺子舔干净。最终，她丢掉勺子，直接把脸伸到碗里去舔（我们使用的是吸盘碗，不过我还是需要扶着碗，以防止她把碗打翻）。之后，她把手伸进碗里，似乎抓起了一大把浓汤。这是早期成功的经历之一。那时我们刚刚开始实行自主进食的方法，她还不足7个月大，但我们做到了。
>
> ——贾尼斯，阿尔菲（4岁）和菲（7个月）的母亲

“猫一天狗一天”

宝宝开始吃辅食几个月后，你会逐渐看到他辅食量增加的趋势，因为他开始意识到食物是可以填饱肚子的。尽管他这时比第一个月探索阶段所吃的辅食明显增多，但是你会发现他的进食量很不稳定，可能前一天还大吃特吃，后一天却完全不吃。有的宝宝会好几天几乎什么都不吃，接下来又突然变得好像能把眼前所有的食物都吃光。只要你持续给

宝宝提供健康、营养的食物，接下来你要做的，就是相信宝宝的胃口和本能，他知道自己需要什么以及什么时候需要。只要他仍然能喝足够量的奶，他就不会饿着。

> 我认为罗伯特在吃饭这件事上是非常典型的代表，他可以连续3天完全不吃辅食，只喝奶，而接下来3天又吃特别多的辅食。我妈妈说我小时候也是这样，她总是说："我并不担心，因为我知道在接下来的几天，她会吃得像马一样多。"
>
> ——卡特，尤安（3岁）和罗伯特（18个月）的妈妈

宝宝的大便情况

一旦宝宝开始吃辅食，你会发现他最大的改变之一，就是大便的性状发生了变化。纯母乳喂养的宝宝的大便是软的、金黄色的，而且不是很臭（有的父母说闻起来有点儿甜）。在宝宝出生后的第一个月，纯母乳喂养的宝宝一天会拉好几次大便。到了4～6个月，他们会突然变成几天才拉一次大便。有的宝宝甚至会连续3周都不拉大便。只要宝宝吃、喝、睡都正常，你就不需要担心，这不是便秘。

人工喂养的宝宝从出生后开始，大便的颜色就会稍微深一些，也相

对成形一点儿，而且一开始不会拉得那么频繁。他们的大便会比纯母乳喂养的宝宝的大便臭一些。人工喂养的宝宝更加容易出现便秘，特别是在天气炎热时。这也是他们的父母被建议需要额外喂宝宝喝水的原因。

当你刚开始提供给宝宝固体食物时，他看上去似乎只是在玩。而第一次你知道宝宝吃下一些食物，很可能是因为在他的大便里发现了食物的残渣（纯母乳喂养的宝宝大便里更容易发现这些）。有时，你甚至可以在宝宝的大便里发现当天早些时候或前一天吃的食物（有时这些食物的样子不是你想象的那样，比如香蕉会变成黑虫状条纹样的东西）。这并不意味着宝宝无法消化这些食物，恰好说明他的身体正在适应新的食物，而且也在产生酶以分解食物。随着宝宝的咀嚼能力越来越强，这种情况慢慢就会减少。

渐渐地，你发现宝宝的大便变得更硬了，颜色也加深了。当然，如果你的宝宝每天仍喝很多母乳的话，他的大便可能还是很软，这是正常的。而大便最显著的改变就是开始变臭了！如果长久以来你已经习惯了纯母乳喂养宝宝的大便气味，这对你来说可能是始料未及的，但也是非常正常的。有的宝宝放屁的次数也开始变多，当然，也可能是因为屁变臭而变得更加明显！

有的宝宝会因为大便的改变而更容易患尿布疹，如果你的宝宝就是这样，那么当他大便后，你需要更加及时地为他更换尿布。

在添加辅食5～6周后，卡麦隆的大便发生了变化。我们非常自豪，因为这是卡麦隆的第一次“成人”大便。以前他一周拉几次大便，但现在几乎每天都会拉一次，并且拉大便的频率再也没有改变过。这肯定是因为他吃下了不少固体食物，只不过我们没有意识到而已。

——苏菲，卡麦隆（8个月）的母亲

在阿拉纳大概6个半月大时，她开始把食物放进嘴里，但她的大便性状很久都没有发生变化。在9～10个月时，她的大便才发生了改变，我们在她的水状大便里发现了一些胡萝卜块和辣椒颗粒。等她开始真正吃下食物后，她的大便变得更加成形了。

——莫妮卡，阿拉纳（15个月）的母亲

相信宝宝知道饥饱

对于大多数父母来说，进行宝宝自主进食方法的一大挑战，就是相信宝宝知道自己需要吃多少食物。很多自主进食的宝宝看起来吃得不多，并且即使在他们已经明白食物可以用来填饱肚子（而不只是用来探索）之后，这种情况也会持续很长时间。因此，要完全相信宝宝知道自己需要吃多少食物，这对父母来说实在太难了。

人工喂养宝宝的父母已经习惯于控制宝宝每顿的喝奶量，而关于奶量的建议基本上都来自配方奶说明书或医生，而且人工喂养的宝宝每顿的奶量基本都是相同的。因此，如果你已经习惯于人工喂养的方式，在实行BLW时，你需要一段时间来学会信任宝宝自己知道每次吃多少和多久吃一次。

当然，即使你的宝宝是母乳喂养，而且你早已相信宝宝知道自己需要多少奶量（因为你并不知道宝宝到底吃了多少），一开始也会觉得要相信宝宝知道自己需要吃多少食物是很难的。

如果你担心宝宝没有吃饱，下面这些观念可能会对你有所帮助。

◆我们关于宝宝需要吃多少辅食的概念，通常是基于以前陈旧的观念，即认为胖宝宝才是健康的宝宝；

◆宝宝自己最了解自己的胃口和需求；

◆你也许会把自主进食宝宝的进食量和用勺子喂养的宝宝作比较。不要忘了，食物泥含有很多水分或奶，因此看上去似乎很多，而自主进食的宝宝吃下去的都是实实在在的食物；

◆即使宝宝的月龄相同，体重一样，活动量也一样，他们的胃口也可能不一样，因为每个宝宝的新陈代谢速度是不一样的（这就和我们身边总有一些似乎靠空气就能活着的成人一样）；

◆宝宝的胃容量很小（大概是他们拳头的大小），他们需要少量多餐，每顿饭不可能吃下很多；

◆宝宝的第一口辅食应该是在现有奶量的基础上额外增加的，而不应该替代现有的奶量。在添加辅食的最初几个月，宝宝的大部分营养还是来自母乳或配方奶。这种情况会一直持续到宝宝至少1岁。

有时候，对于宝宝吃多少，父母需要一些技巧来让自己感觉好一点儿。比如，一开始少给宝宝一些食物，这样当宝宝吃完继续向你要的时候，你就会很开心。如果你给他很大一碗，结果他剩下很多，你就会特别失望。但这两种情况下，可能宝宝吃下去的量是一样的，都正好是他需要的量。

总而言之，如果你的宝宝大小便都正常，看上去也很健康，那就表明他已经吃饱了。

当我们谈起吃饭，我的父母就会问我："你有没有想办法让凯拉吃下食物？"这是不对的，我们不需要想办法让她吃下食物，她完全有能力喂自己，所以她不会被饿着。如果她饿了，我提供给她食物，她自己会去吃。

——珍妮，凯拉（2岁）的母亲

BLW故事

当米亚三四个月大的时候，她的祖父母总是说该给她添加辅食了，但她对辅食根本不感兴趣，我当时感到压力很大。

在她6个月大时，我开始提供给她一些固体食物，但她只是玩，根本没有要把食物放进嘴里的意识。有一次，我和其他妈妈带着宝宝出去吃饭，我看到其他宝宝都是用勺子喂食的，而且吃得挺多，包括一份主菜、一个布丁和一些面包干。但米亚没有吃任何食物，我只喂她吃了母乳。那时我自然开始怀疑：我的孩子到底会不会吃饭啊？

在那个阶段，我不是很有信心，我担心她会一直“玩”食物而不是真的去吃。尽管如此，我还是坚持每顿饭都提供给她一些食物，慢慢地她开始吃了。不过，几乎90%的食物最终都掉在了地上。在她8个月之前，她只吃进去很少的固体食物。我花了很长时间才开始相信她是有能力自己喂自己的。那时，我需要一直给自己打气：她看上去开心、健康，体重也在增长，而且这种方式让她有机会锻炼进食能力，显然她并没有被饿着。

后来我就不那么担心了。有几天她会吃得特别多，接下来几天则一口食物也不吃。但她现在真的很喜欢食物。她尝试了其他很多同龄宝宝完全没有机会尝试的食物，比如橄榄、香肠、辣的食物等。她这么小就有这么丰富的味觉体验，这真的很棒，很多人都对此感到很惊讶。一开始，我意大利的公婆对于我这样的喂养方式感到十分怀疑，直到米亚11个月大时我们一起出去吃饭，他们亲眼看到她自己喂自己吃下了一整碗意大利面后，才觉得BLW是一种很神奇的辅食添加方式。

——乔安娜，米亚（17个月）的母亲

宝宝吃饱的信号

进行自主进食的宝宝，几个月后就会用自己的方式非常明确地告诉父母：我不想吃某样食物或者吃饱了。他们会把食物一块一块捡起来，然后再把它们一块一块扔出餐椅，或者用手把餐盘上所有的食物都扫到地上。有些宝宝的表达方式会更加细腻，他们可能会摇摇头，或者把食物递给父母；有的父母开始教宝宝用简单的动作来表达自己吃饱了。不管用什么方式，宝宝吃饱的信息传达得很明确。

但在刚开始实行BLW的阶段，宝宝传递的信号不会很明确，因为他把食物丢到地上其实并不是有意为之。但幸运的是，最初的阶段你不需要太在意宝宝是否吃完食物，因为在这个阶段宝宝吃饭不是真的为了“吃”，而是在学习和探索食物。

为验证宝宝是否真的吃饱，有一个很好的办法，即再提供一点儿食物给宝宝——最好是不一样的食物，或者是你盘子的食物（即使食物是一样的），但不要期望宝宝一定会吃。这样，即使宝宝真的不需要吃，你也不会过于失望。这样的方式比我们主观认为宝宝吃饱更加安全可靠。

菲恩会用自己的方式告诉我们他已经吃饱了——他会用自己的手臂像雨刮器那样把餐盘上所有的食物都扫到地上。这是在用非常明确的信号告诉我们：我吃饱了。自从我们把食物放在碗里或盘里给他，“雨刮器”出现的次数减少了。这时，我会教他把食物碎片放在餐盘上，以分散他的注意力，但有时他会感到不耐烦，甚至把整个盘子打翻在地。

——马尔，菲恩（11个月）的母亲

BLW故事

我特别喜欢看玛德琳自己决定吃什么的过程。当她拿起某种食物时，态度是非常坚决的。我们的第一个孩子诺亚是用勺子喂养的，我还记得一开始喂辅食泥的阶段非常无聊。后来他面对勺子开始紧闭嘴巴，这个过程是非常令人疲惫的。那时我曾说，我宁愿换三次尿布，也不愿喂一次饭。

玛德琳完全是不一样的情况，她自己决定吃什么。而且明显可以看出，她非常享受吃饭的过程。当她饿的时候，她会非常快速地咀嚼好，并吞咽下去。后来她放慢节奏，开始玩食物，把食物从餐盘的边缘扔到地上。这是非常明确的信号：这顿饭该结束了，我吃饱了。

——尼克，诺亚（4岁）和玛德琳（8个月）的父亲

关于偏食

父母除了担心宝宝吃多少之外，还常常担心宝宝该吃什么。很多学步期的宝宝，会在一个时期每天疯狂地只吃某一种食物。自主进食的宝宝会突然变得每顿只吃香蕉，尽管这看上去非常令人疑惑，但其实是很正常的。我们千万不要把这种现象跟一些孩子用食物来要挟父母的行为混为一谈。

宝宝天生就有能力选择自己身体所需要的食物。很多父母发现，宝宝之所以对某种食物表现出狂热，通常和他们某个阶段的发育或健康状态有紧密的关系。比如，当婴儿或学步期幼儿正处在快速增长期时，他们会只喜欢吃碳水化合物类食物；如果他们刚刚生过病，他们会只喜欢吃高蛋白食物、水果或奶。还有些父母反映，宝宝一直拒绝吃的某种食物，后来被证实会导致宝宝过敏。如果真的是宝宝的生存本能让他们表现如此，就难怪当我们强迫宝宝吃他们不想吃的食物时，他们拒绝得如此坚决。

因此，如果宝宝突然连续几天只吃一种（或一小部分）食物，之后又突然完全不想吃这种食物，这不仅是正常的，而且从一定程度上来说对他们也是有利的。宝宝因此而导致营养不良的可能性非常小，毕竟大部分食物都含有多种营养物质（而不是某一种），而且大部分营养物质并不是每天都需要摄入的。

自主进食的宝宝，会通过选择先吃某些食物来显示自己对这些食物的喜好（或需求）。很多父母发现，当天气变冷时，宝宝通常会先吃高脂肪的食物（脂肪是最好的卡路里来源，天气寒冷时，身体需要消耗额外的卡路里来保暖）。有的宝宝会先选择肉类或者深绿色蔬菜，这大概表明他们需要额外补充铁元素。

> 每当我在黄油罐上发现孩子们的指纹时，就知道天气开始转凉了。
>
> ——玛丽，2个孩子的母亲和3个孩子的奶奶

当宝宝突然很爱吃某种食物时，其实是说明他的身体有这种需求。因此，父母要相信宝宝的本能，让他们自己做决定，这一点很重要。让宝宝选择食物并不是溺爱或纵容孩子，相反，大部分一直被大人控制进食的宝宝，成年后反而更容易出现挑食或其他不好的进食习惯。

宝宝偏好某种食物的现象是无法预计的，因此不要因为宝宝昨天一整天只吃杧果，你今天就只准备杧果。小宝宝无法通过语言表达自己想吃什么，而是通过在我们提供的食物中选择哪些、拒绝哪些来表明他们想吃什么。

就像你的宝宝突然很喜欢吃某种食物一样，他也会突然很不喜欢吃某种食物，即使这种食物是他之前的最爱。父母要做的，就是坦然接受这种食物可能会被拒绝一段时间的事实。父母也不需要担心被宝宝拒绝的食物是否还应该出现在以后的饮食中，只要这是你家平时常吃的食物，就可以继续提供给他（但不要强迫他吃）。如果他看到你在吃，说

不定也愿意重新尝试一下，宝宝随时都有可能改变主意。但如果你不继续提供这种食物，就永远无法知道他是否还会重新接受。

总之，如果宝宝突然偏爱某种食物，你要放轻松，不必太担心这样的情况有多极端或持续的时间有多长。这一点说起来容易做起来难，但如果你对宝宝只吃蓝莓而拒绝其他食物太过焦虑的话，不妨问问自己还有什么备选方案。大部分吃饭战争不是由于宝宝拒绝吃什么而引起的，而是由于父母坚持让宝宝吃某种食物而引起的。而在这类战争中，父母通常都不会取胜，反而会以破坏愉快的亲子关系作为代价。换句话说，和你的宝宝发起一场战争并不能解决问题。如果宝宝被允许有一些掌控权，这种情况最多只会持续几周。

我记得当夏洛特因为病毒感染生病时，她只吃蛋白质食物，而拒绝其他一切食物，这非常奇怪。而另一种情况是，当她2岁半的时候，她只吃碳水化合物类食物，那段时间她在几周之内就长高了3厘米，这太神奇了。我一直坚信，宝宝自己有能力选择他们身体所需的食物。

——芭芭拉，夏洛特（6岁）和大卫（2岁）的母亲

雅各布最近早餐只吃一根香蕉，而完全不吃别的，这种情况已经持续两周了。但突然有一天，他不再吃香蕉了。之后，他每次只吃几口香蕉，而不再像以前那样吃掉一整根。

——史蒂夫，雅各布（8个月）的父亲

如何为宝宝选择饮料

当你开始和宝宝一起进餐时，你一定想过，他是否也应该像成人那样需要饮料呢？如果其他家庭成员都喝饮料，你的宝宝自然也需要饮料。在某个阶段，你的宝宝会因为好奇而学你从酒杯、水杯或马克杯里尝一口。只要你的杯子不会一咬就碎（比如红酒杯），你喝的饮料也并非不适合宝宝（比如酒精饮料），你完全可以让宝宝试试看。如果允许宝宝尝试，他们很快就能学会用开口杯喝水。当然，就像宝宝刚开始接触固体食物时一样，只有当他们尝试几次后，才会明白水是用来解渴的。

宝宝到底需要多久补充一次额外的饮料，这取决于你的宝宝是母乳喂养还是人工喂养。纯母乳喂养的宝宝可以从母乳和食物中获取身体所需的一切，即使在天气炎热的情况下也不例外。因为他自己会决定多久喝一次奶以及每次喝多少，而且每次的母乳成分都会随着妈妈饮食的不同而改变。这个原则在宝宝引进辅食后仍然适用，前提是宝宝想喝奶时你就会提供给他。如果你在他吃饭时为他提供水，那么他也会像了解食物那样慢慢了解水的作用。

配方奶对于宝宝来说太浓了，不足以用来解渴。此外，只要不更换配方奶，配方奶的成分就不会发生变化，因此在宝宝开始添加辅食之前，就需要为他提供额外的水。规律性地为宝宝提供水（最好是放在水杯里），可以帮助他（还有你）识别他到底是饿还是渴。同时，也可以避免人工喂养的宝宝因为被过度喂养而导致肥胖（特别是当他只是渴的时候，却一直被提供高热量的配方奶）。他不一定每次都需要喝水，但父母需要时不时地为他提供这个选择。

对于婴幼儿来说，奶和白开水是最好的饮料。白开水最好是过滤过的。如果想给宝宝提供果汁（或蔬菜汁），则需要用大量的水进行稀释，水和果汁的比例至少是10：1。但建议只让宝宝喝很少量的果汁，因为经常喝果汁会损坏宝宝的牙齿（即使牙齿还没长出来），也会让宝宝形成偏好甜味饮料的习惯。记住，果汁的营养价值远不及新鲜的水果，而且很占空间，容易让宝宝没有胃口吃其他更加有营养的食物。如果你一定要给宝宝喝稀释后的果汁，放在杯子里给宝宝喝会比放在鸭嘴杯或奶瓶里能更好地保护宝宝的牙齿。但最好的选择永远是白开水，当他渴了，就一定会喝。

市面上的果汁饮料通常含有很多糖分，而且几乎没有营养价值，最好避免给宝宝喝。茶不适合宝宝饮用，因为它会阻碍他们对于某些营养物质的吸收，特别是铁的吸收。咖啡、茶、可乐等还含有咖啡因，会导致宝宝异常兴奋。此外，1岁以下的宝宝不能喝牛奶。

减少奶量

宝宝在出生后第一年的成长速度，比他一生中任何时间都快，因此在第一年他们需要营养丰富且高热量的母乳或配方奶。无论什么样的固体食物，都不会含有像母乳和配方奶那样高的热量和那么丰富的营养。因此，宝宝在吃下第一口辅食后的几个月，如果丝毫不愿意用固体食物来替代母乳或配方奶，你不要感到惊讶。

就像我们所看到的，宝宝刚开始吃固体食物时，他们其实是在探索不同食物的口味和材质，好让他们的身体逐渐适应消化新的食物。当他们开始吃更多的固体食物时，他们对于母乳或配方奶的需求量就会逐渐减少。而这种情况多久之后会发生，每个宝宝的个体差异很大。

宝宝如何减少奶量，还取决于他是母乳喂养还是人工喂养。如果宝宝是母乳喂养，并且是你亲自喂的，你会发现他一天的吃奶次数也许并没有减少，但每次吃奶的时间会缩短。如果宝宝是人工喂养的，你会发现，在宝宝1岁后，他每天基本上只需要喝1～2次奶。

如果宝宝是混合喂养的，你会发现宝宝逐渐不需要配方奶了，只需要维持母乳喂养的次数即可。这样做能够让你和宝宝更长久地享受母乳喂养的益处。

不管你的宝宝是母乳喂养、人工喂养还是混合喂养，一开始你最好把喂奶和吃饭看成两件完全不同的事情。在辅食添加的早期阶段，如果宝宝饿了，他想要的（也是他需要的）就是奶，这时他还不知道固体食物可以填饱肚子，因此不愿意在想喝奶的时候却被要求坐在餐椅上玩食物。把奶和食物看成两件事，也意味着宝宝奶量的减少应该顺其自然，由宝宝自己来决定何时降低对奶的需求量。

当宝宝每餐的辅食量增加后，他会要求喝奶的时间延后，或者减少每次的喝奶量。当他真的开始吃饭，同时也会喝水或少量的母乳后，可能就会完全减掉一顿奶。你只需要听从他所“告诉”你的需求（如果他需要奶，他的表现和以前是一样的；如果他不需要奶，当你给他乳房或奶瓶时，他就会把头扭过去），并且不去尝试让他多喝或者少喝，而是依靠他的胃口来决定如何去做。

洛克可能已经减掉一顿奶了。但当他刚刚开始添加辅食时，每次吃完辅食后他总要喝奶，我还记得自己说过："他现在好像比以前更需要喝奶。"但我认为这只是引进新食物后暂时性的现象。母乳喂养受很多其他因素的影响——他是否累了、出牙或者身体不舒服。如果他累了，他会很快吃一点儿晚餐，然后要求喝母乳，就是这样。

——安娜，洛克（8个月）的母亲

宝宝奶量减少的趋势也会出现倒退的现象，这个过程是非常有弹性的。他会有几天对固体食物一点儿都不感兴趣；不管出于哪种原因，你无法提供给他像平时那么多次的辅食；他身体不舒服或正在出牙，需要通过喝奶得到安抚……在这些情况下，他对奶的需求量就会增加，以确保他不被饿着。如果宝宝是人工喂养的，你就要让他喝更多的配方奶；如果宝宝是母乳喂养的，你让宝宝想喝就喝，这样即使你母乳的产量已经下降，也能刺激身体产生更多的母乳。

我没发现奥斯丁的母乳喂养过程有什么变化，他的辅食是在现有奶量的基础上额外增加的。奥斯丁从食物里获取卡路里的量增长得很缓慢。他是个大个儿的男孩，我不知道是否跟这有关系。

——博罗尼，奥斯丁（22个月）的母亲

当我们开始为克洛伊添加辅食时，继续保持着以前的配方奶喂养量和喂养频率。而且这种情况持续了很久，我们好像都没干其他事，只忙着喂养这件事了——宝宝不是在喝配方奶就是在吃辅食。直到克洛伊大概9个月大时，有一天，她忘记在茶歇时间向我要奶喝，我也没提醒她。她好像真的忘记那顿奶，后来也不再需要了。我真的很惊讶，因为我一直以来都是用奶瓶喂她的，所以我以为需要帮她做很多决定。

——海伦，克洛伊（15个月）的母亲

彻底断奶前的喝奶情况

自主进食的方法倡导由宝宝来决定什么时候不再需要奶。事实上，对于从奶过渡到家庭餐的自然转变过程，母乳喂养的宝宝比人工喂养的宝宝完成得更好。很大一部分原因在于家长都被告知：宝宝1岁以后需要停止使用奶瓶，而应该使用杯子（长时间使用奶瓶会导致龋齿），于是很多家长就把这个契机当成断奶的时间。

宝宝1岁前自动放弃母乳的情况很少见。很多孩子和母亲都会享受母乳喂养的亲密时光直到孩子2～3岁，即使只是每天早上或睡前吃一顿母乳而已。

母乳喂养可以有效保护宝宝免于很多感染（比如肺部感染、中耳炎、胃部感染等）。而母乳喂养的时间越长，母亲就越能避免患乳腺癌、卵巢癌和骨质疏松的风险。世界卫生组织建议，坚持母乳喂养至少到孩子2岁。

母乳喂养的宝宝会告诉母亲什么时候她不再需要母乳。他会不再寻找乳房，或者不断地扭头拒绝乳房。如果他会说话，就会用语言告诉你不再需要母乳了。

一日三餐和零食

一旦宝宝开始减少奶量，在两餐之间就会感到饥饿。人类的宝宝生来就是“少食多餐”型的。直到长大后，我们才开始训练自己每顿吃多一点儿，以便不吃得那么频繁（尽管对于这是否是好的习惯仍有争议）。宝宝的胃容积很小，因此不能一天只吃三顿饭，特别是当他们的奶量减少后。大部分宝宝的胃容积还无法让他们一顿吃很多，以保证4～5小时内不用再进食。

因此，当宝宝真的开始吃固体食物并且喝奶量减少的时候，你可以给他提供健康的零食。允许宝宝少量多次地吃健康的食物，可以让你不用那么在意他每次的正餐吃得太少。但还是要记住，只提供宝宝所需要的，如果他想喝奶，就不要强迫他吃零食。

对于不到18个月的宝宝来说，不需要那么严格地区分正餐和零食，同样也不需要区分在哪里吃、什么时候吃以及每顿吃多少。只要是营养的食物，都可以既当作正餐又当作零食提供给宝宝。这样也可以保证宝宝吃到几大食物品类中尽可能多的食物种类。在宝宝出生后的前几年，每天都应该为他提供6顿甚至更多顿的食物（包括正餐和零食）。有规律地为宝宝提供一些健康的零食，还能有效避免孩子吃糖或垃圾食品。但要记住，和吃饭一样，如果宝宝拒绝吃某种零食，就说明他不需要。

很多被叫作零食的食物，其实都是不健康的。成人或大孩子饿的时候通常会吃薯片、巧克力棒或喝碳酸饮料。这些食物对任何人（包括宝宝、儿童和成人）都没有益处。因为它们通常含有很高的盐分、糖分和很多添加剂，只能提供短暂的能量，而几乎没有任何营养。此外，含糖量高的食物对牙齿有害，即使宝宝的乳牙还没长出来，也会受到不良的影响。

由于这些加工过的零食几乎没有任何营养价值，所以不到万不得已（比如你的孩子很饿，但没有任何其他食物可以提供），不要给孩子吃。每次出门时，随身带一些苹果、香蕉或米饼等零食，就能避免这样的情况发生（关于带哪些零食，详情请参见第129～130页）。如果你实在想让孩子尝一尝这些没营养的零食，请尽量少给一些，以免孩子吃得过多而影响下一顿正餐的进食。要知道，一包薯片对你来说并不是很多，但对于学步期的孩子来说足够填饱他的胃。

安全地吃零食

吃零食时的安全准则和吃正餐时一样。保证宝宝在吃零食时是坐直的（如果需要，可以适当给予宝宝支撑），并且是在成人的监护下进行的。不要让宝宝边吃零食（或正餐）边看电视——他需要专心致志地吃，这样才能保证进食安全，并且能够意识到自己什么时候吃饱。

很多你当作正餐提供给宝宝吃的食物，都可以当作零食。把零食看成宝宝的“迷你正餐”，在一天当中的任何时候，都能够帮助你为宝宝选择营养的食物。营养的零食能够促进宝宝的健康，只有那些没营养的零食才会导致问题。

野餐

宝宝自主进食的方法非常适合野餐。大部分野餐的食物都是用手拿着吃的，而这正是宝宝所擅长的。野餐时，大家不会过多考虑脏乱的问题，也不会因为赶时间而匆匆忙忙地吃饭，因此带宝宝一起野餐比围坐在餐桌前吃饭更容易。

你甚至不需要出远门就可以野餐，你家的后花园或者附近的公园都是不错的选择。如果天气不好，你在室内模拟一次野餐也未尝不可。

宝宝自主进食和家庭生活方式的关系

“宝宝自主进食的方法对于宝宝和家庭都有好处。在就餐时间，大家除了吃饭，还会进行社交活动，而BLW从一开始就倡导这种理念。我总是鼓励父母们尝试这种方法，大部分尝试过的父母都很喜欢，他们的宝宝也从中获得很多乐趣。

——埃里森，健康咨询专家

继续推行宝宝自主进食的理念

随着宝宝慢慢长大，请继续保证就餐时间是愉悦的，这一点很重要。很多学龄期孩子在吃饭方面有着很大的问题，但这并不意味着孩子挑食和缺少吃饭礼仪的问题是无法避免的，只是因为这些问题太普遍，以至于很多人认为是正常的。当你听到各种类似的故事时，不必感到过分焦虑。实际上，宝宝自主进食的方法的确能够帮助父母避免产生孩子吃饭方面的问题。

小孩子希望具有掌控权，能够变得更加自力更生和独立。当他们自己能够做成某件事时，就会很开心，很有成就感。宝宝自主进食的方法正好可以满足这种心理需求，前提是你需要放手。因此，请继续相信孩子的胃口，只提供他所需要的帮助，让孩子按照自己的节奏去进行。

当爱丽大概18个月大时，我意识到自己开始不断跟她唠叨食物的问题，不是哄骗她，而是不停地问她是否真的吃完了，要不要尝一口鸡肉，等等。并且我开始担心她吃得不够。我不得不一直提醒自己：她知道自己需要什么。劝宝宝吃饭，把吃饭和表现“好”或表现“坏”联系起来，这种思想是根深蒂固的。

——沙朗，爱丽（22个月）的母亲

学习使用餐具

如果你的孩子已经经过足够时间的练习，能够非常熟练地自己吃饭，你就可以考虑餐桌礼仪的问题了。但也不用过分焦虑，因为孩子不会一直用手吃饭，并且吃得到处都是。小孩子具有强烈的模仿周围人的兴趣，除非你一直是用手吃饭的，否则你的孩子很快就想尝试使用刀叉。当你和孩子真正开始一起吃饭时，一旦他掌握了基本的进食能力之后，你就应该在餐桌上放上他的餐具。但记得要选择孩子的尺寸——让孩子使用大人的餐具，就好比要求成人使用沙拉勺吃东西一样！

就像对待食物的态度一样，父母不要对宝宝使用餐具抱过高的期望。一开始，他会把餐具当成玩具和模仿大人的工具，而不是把食物送进嘴巴的工具。对他来说，要把食物送进嘴巴，使用手指最方便。最终，他会按照自己的节奏学会使用叉子和勺子（至于如何用刀，学习的时间会更长一些）。在他自己准备好之前，父母要尽量鼓励他，强迫或“教”他如何使用，只会让他感到烦躁和沮丧。

一开始，有些宝宝每次只会偶尔用一下餐具，这种情况可能会持续好几个月，因为他们知道用手可以吃到更多的食物；而有些宝宝很快就学会了使用餐具。大部分宝宝在1岁左右开始学习使用勺子和叉子。只要你提供足够的机会让宝宝自己尝试不同材质和不同形状的食物，最终他会按照自己的节奏熟练地掌握如何使用餐具。

尽管大部分父母一开始都先让宝宝练习使用勺子，但其实叉子对很多宝宝来说反而更容易掌握。你根据自己的进食经验就知道，勺子更适合从碗里舀取流质食物，用勺子从平底盘里盛食物其实是很难的；而让食物保持在勺子里不掉出来，直到送进嘴巴，也是不容易的。相比之下，使用叉子要容易得多，叉起食物比舀起食物更容易。而且即使叉子握反，食物也不容易掉下来。因此，一开始你可以考虑让宝宝使用叉子而不是勺子。提供给宝宝的叉子不一定是专门为婴幼儿设计的，但一定要小一点儿，以方便他抓住。此外还要注意，叉子顶端不能太尖锐，以免伤害宝宝，当然也不能太钝而无法叉起食物。

让宝宝学会如何蘸（比如用胡萝卜、面包干和面包条，详情请参见第124～126页）鹰嘴豆泥和酸奶吃，能够帮助宝宝学会使用勺子。很多宝宝在学会用勺子舀起食物之前，就已经学会用嘴巴舔勺子上的食物。因此，你可以用勺子舀好食物再递给宝宝，这样可以非常直观、有效地向宝宝展示勺子的用法。但是不要惊讶，最初几次，宝宝会把勺子翻过来，导致所有食物都掉出来；他也会拿着勺子挥舞手臂，导致食物到处乱飞。宝宝事先并不知道会发生这样的事，只有尝试过后才知道。这样的情况持续很长时间后，他才逐渐明白：食物到处乱飞会导致自己吃不到它。因此，请做好再次面对脏乱的心理准备，如果天气好的话，你还可以带孩子去户外学习如何使用勺子。

奥利弗还没开始吃辅食时，我们每次吃饭会给他一个茶勺，让他具有参与感。在他大概11个月大时，我给他买了第一套餐具，这样他就能模仿我们使用餐具了。一开始，我会把一点儿粥放在勺子上，然后递给他。他已经能够把勺子准确地送进嘴巴里了，因为他看到我也是这么喝粥的。他也会直接用手去抓粥，这很正常。现在他已经想跟我一样使用大人的餐具了。

——卡玫尔，奥利弗（14个月）的母亲

当你的宝宝真的开始使用餐具（而不是玩）时，动作会非常慢。因此，请深呼吸，耐心等待。看着宝宝一次又一次尝试着用叉子或勺子拿起一块食物，快送到嘴边时却掉了下来，这非常令人着急，会让人情不自禁想去帮助他。请记得，你的宝宝需要尝试无数遍才能最终掌握这项技能。所以，请不要急着去干预或“帮助”他，如果给他机会让他自己找到窍门，他会学得更快。宝宝的性格脾气会决定他尝试多久之后会变得沮丧，甚至放弃使用餐具而直接用手吃。如果你的宝宝很有耐心，具有不屈不挠的性格，那么吃饭时间就会变得很长。

梅森花了好长时间来练习如何使用餐具。他学习如何用叉子把食物叉起来，每次成功后，他自己不吃，而是给我吃。时不时地，他也会尝试用叉子把食物送进自己的嘴巴里，但他还在学习如何做。因此，我们最近的吃饭时间变得更加随意了，有时他也会用手抓着吃。但对于如何使用餐具，他一直非常有耐心。

——乔，梅森（16个月）的母亲

TIPS

- 一开始，宝宝使用叉子比使用勺子更容易；
- 给宝宝一个已经舀好食物的勺子，能够帮助他认识如何使用勺子；
- 鼓励宝宝去舀取软的食物，这样可以帮助他理解勺子的作用；
- 每次就餐时，在宝宝面前也放上勺子和叉子，这意味着如果宝宝做好了准备，就可以随时开始练习使用餐具；
- 当宝宝开始练习使用餐具时，你需要非常有耐心，因为这个过程会很慢。并且如果你尝试去教他怎么做的话，你和宝宝都容易变得很沮丧；
- 在宝宝没有请求帮助之前，最好不要干预或“帮助”他；
- 榜样的力量很重要——如果宝宝看到你拿着餐具在吃饭，会更容易学会如何使用餐具。

被宝宝喂的游戏

学步期的孩子天性爱玩，而且也喜欢分享和轮流做事情。一旦你的孩子长大一些，他会想用勺子喂你，或者要求你用勺子喂他。这并非说明他的技能倒退，或者他开始怀念被喂的状态，也不意味着他希望你一直喂他，这只是一个游戏而已，你不用太紧张。

罗斯现在不仅可以自己吃饭，而且吃得很干净。但最初的阶段真的非常脏乱。如今她完全明白吃饭是怎么回事，也明白吃饭过程中社交的重要性。

——斯泰西，格雷斯（4岁）和罗斯（14个月）的母亲

学习使用杯子

刚开始引进辅食不久，你的宝宝肯定会对杯子产生兴趣。因此，一旦你开始和他一起吃饭，就可以给他一个杯子，里面装一点儿白开水。

尽管学饮杯或鸭嘴杯可以有效防止漏水，用起来很方便，但最好留在外出时使用。在家时，建议让宝宝使用开口杯喝水。一开始宝宝可能会将水洒得到处都是，但他很快就能学会如何使用这种杯子。

宝宝需要学会如何捧起杯子——既能保证喝到水，又保证不会弄湿自己。有些学饮杯带有倾斜设计（比如Doidy杯子），可以帮助宝宝学习如何捧起杯子。它们不像普通杯子那样需要举很高才能喝到水，而且杯身是透明的，宝宝能够看到里面装了什么，也能观察到当杯子被捧起后里面发生了什么。当然，不一定非得从倾斜杯子开始教宝宝如何使用水杯，很多宝宝一开始就能很好地掌握普通水杯或塑料大口杯的使用方法。

在为宝宝选择杯子时，有一点非常重要，即杯子开口的大小。宝宝

从大开口的杯子中喝水，就好比大人从小水桶里喝水一样——你只是稍微捧高一点点，但大部分水都沿着你的两颊流了下来！小的茶杯或咖啡杯，喝药用的量杯或喝烈酒用的酒杯，都更加适合宝宝的小嘴。

一开始，宝宝通常会认为装满水的杯子会比装半杯水的杯子更容易掌握，因为不需要捧得太高就能喝到。如果你选择的是开口较小的杯子，那么即使其中灌满了水，被打翻后也不会流出很多水。

宝宝是通过探索和试验来学习的。如果不允许他尝试，他永远都不会明白杯子打翻后会发生什么，而且也不会知道把水倒在桌上是不好的。允许宝宝在水池边或澡盆里玩倒水游戏，能够让他明白杯子的作用，也能减少他在餐桌上试验的次数。

而作为探索的一部分，宝宝会发现哪些东西会被放进杯子里，哪些会被从杯子里倒出来。宝宝会惊讶于哪些食物会沉入水中，哪些食物会浮起来。也许成人不喜欢自己喝的水里有芽菜或鱼的味道，但宝宝对这些根本不在意。但需要注意，在孩子喝水之前，把水杯里像青豆之类的小颗粒食物拿出来，以免宝宝被呛到。一旦探索够了，宝宝试验的次数就会减少。

餐桌礼仪

很多家长（特别是祖父母）会担心，如果一直允许宝宝玩食物和用手吃饭，他们就再也学不会正确的餐桌礼仪了。但事实证明，小时候被禁止探索食物的孩子，长大后反而更容易养成不良的就餐习惯和就餐行为。

早期的自主进食是宝宝探索和学习的一部分。宝宝需要时间去学习基本的技能，然后才能有意识地进一步完善这些基本技能，以符合父母要求的礼仪规范。并且他们需要有足够多的机会和家人一起吃饭，这样才能看到其他人是如何做的。

你是孩子最重要的榜样，因此你需要以身作则。如果你希望孩子去餐馆吃饭时具有很好的餐桌礼仪，那么你在家时就应该把这些行为演示给孩子看。甚至在家吃饭时，你吃每种食物的方式要保持一致。显而易见，用手拿着三明治吃没有问题，但如果你有时是用手拿着薯条吃，有时是拿叉子叉着薯条吃，那么你就该预料到你的孩子也会这样。7岁之前的孩子，还无法理解在不同场合需要有不同的表现。

对于宝宝就餐时“好”的表现或“坏”的表现，父母没有必要进行表扬或批评。小宝宝天生就喜欢模仿他人，喜欢做他认为大人希望他做的事情，如果他知道大人因为他表现好而感到惊喜，他会开始疑惑哪些行为才是自己该做的。你所需要做的就是信任他，给他足够的时间，并且始终起到表率的作用，那么孩子形成良好的餐桌礼仪只是水到渠成的事。

鼓励良好的餐桌礼仪

- 尽量和孩子一起进餐；
- 做孩子的好榜样，保持一致性；

◆ **不要表扬或者批评孩子，而是相信他能够表现好。**

卡罗琳娜吃饭时的表现一直很好，她可以愉快地和我们一起去餐厅，吃任何我们吃的食物。我还记得她刚过1岁就和我一起吃琵琶鱼和虾。和我们一起分享食物的过程对她很重要。

——贝瑟尼，卡罗琳娜（6岁）和丹尼尔（2岁）的母亲

外出就餐

宝宝自主进食的一大乐趣，就体现在全家外出吃饭这方面。最初的阶段，你不需要额外带着事先做好的辅食泥，让服务员帮你找个碗，并提供一些热水来进行加热，也不需要因为喂宝宝而吃变冷的食物。大部分餐厅都有一些食物是宝宝可以吃的，尽管一开始最方便的还是分享你吃的食物。

如果你询问的话，很多餐厅或咖啡厅都会提供儿童分量（或前菜分量）的成人菜品。你也可以要一个干净的盘子（或带上自己的盘子），和宝宝分享你点的主菜。大部分主菜——从最简单的奶酪焗土豆，到最精致的餐厅食物，都是适合宝宝吃的，特别是当宝宝已经度过了吃辅食的最初几个月之后。很快你就会知道哪些餐厅食物是你的宝宝可以

吃的。

在餐厅点各种各样的开胃菜并跟宝宝一起分享，这对宝宝来说是很愉快的经历，可以让他有机会尝试更多的新口味。土耳其风味小吃（皮塔面包、鹰嘴豆泥、酱汁浸泡过的辣椒等）和西班牙小菜都非常适合用手拿着吃，也非常适合跟宝宝分享。比萨和意大利面也非常适合跟宝宝分享，而且大多数宝宝都非常爱吃。让宝宝在大家吃的食物中选择他想吃的，要比你单独为他点一份菜更容易。

> 当我们的宝宝10个月大时，我和我的朋友一起外出吃午餐。我们点了很多前菜一起分享，我们把食物放在桌上，宝宝们可以轻松地自己用手拿着吃。这实在是太棒了，我们轻松地聊着天，而两个孩子自己抓食物吃，自娱自乐，所有的人都非常放松。
>
> ——尚泰勒，爱比（2岁）的母亲

随着宝宝逐渐长大，你会发现去餐厅吃饭时没必要再为他点儿童餐，或者你可以带他去提供儿童餐的地方就餐。只要你给予宝宝机会，让他尝试足够多样的口味，他就会习惯和你吃同样营养丰富的正常食物，说不定他还非常乐意接受新食物。因此，你不需要每次都点加工过的鸡肉条和薯条，原因只是“只有这些他才能吃”。大部分所谓的“儿童餐”都具有高盐、高糖和高添加剂的特点，而这些对宝宝都是不利的。宝宝需要的其实只是小份的有营养的成人餐，你越早让宝宝避免垃圾食品，越有利于宝宝的健康。（在英国，儿童餐单只是最近20年才出现的，而其他很多国家是没有儿童餐单的，那些国家的孩子吃的是和父母一样的小份饭菜。）

需要注意的是，不是所有的餐厅都会及时清洁餐椅，因此你可能需要随身携带一些消毒纸巾，在宝宝坐进餐椅之前，先擦一下餐椅，这对于还不会从盘子里吃东西的宝宝来说尤其重要。请记得，不能只擦餐桌，很多宝宝吃饭时会捡起餐椅角落里其他宝宝遗落下来的食物。有些父母会随身携带宝宝的餐垫，这样就能保证宝宝是在干净的垫子表面拿东西吃。

> 当我的孩子还很小的时候，不管去哪儿，我总是随身带着一次性宝宝湿纸巾。你永远不知道什么时候需要用到它，擦一下他黏糊糊的手指，擦一下餐厅里很脏的桌子，或擦一下他的屁股，都十分方便。即使在现在，有什么东西溢出来，我的孩子总是期望我拿出湿纸巾。
>
> ——戴安娜，阿比盖尔（14岁）和贝瑟尼（12岁）的母亲

如果你经常外出就餐，可以考虑买一个能够安装在各种桌子上的折叠式餐椅，当餐厅里的宝宝餐椅数量有限时，这种餐椅就会很有用。当宝宝和其他人一起坐在桌子旁就餐时，他会有一种融入感。学步期的孩子更喜欢跪在普通椅子上，或坐在儿童椅子而不是宝宝餐椅上。只要保证他是安全的，他完全可以这样坐着吃饭。

不离开餐桌

外出就餐时，决定给宝宝吃什么还是相对简单的事情，一旦孩子会自己走路，你就需要一些小策略来让宝宝愉快地乖乖坐在餐椅上。在餐厅或咖啡馆吃饭的时间通常比在家里更长，而且每道菜之间的等待时间也比较长，因此宝宝特别容易感到无聊，尤其是他们发现家长正在自顾自聊天而不关注他们的时候。

学步期宝宝的天性就是对周围的环境感到好奇，特别是在一个新环境中，他会迫不及待地想去探索。在食物上桌之前或他吃完饭以后，他无法做到什么事都不干、乖乖地坐在餐椅里。总之，你不能让他无所事事地等待20分钟以上而不允许他玩。这个年龄段的宝宝还无法理解外出吃饭和在家吃饭的规则是不一样的。带着他在餐厅里或到外面走一圈，是个很好的办法，可以让他感到有事可做，也能有效防止他在吃饭期间出现反抗情绪。

提前做好准备，同时多从宝宝的角度考虑问题，可以有效防止这类常见的外出吃饭问题的产生。

◆先点宝宝要吃的东西——如果宝宝的饭菜和前菜一起上，那么他也许能够愉快地进餐直到主菜上桌。请放轻松，不管其他人在吃哪道菜，都让他按照自己的节奏就餐。

◆不要一开始就让宝宝坐进餐椅，带着他出去走一圈，等到饭菜快上桌时（或者已经上桌，但不那么热时），再让他坐进餐椅。

◆带一些小玩具或涂色本和蜡笔，可以帮助打发时间。

◆确保给宝宝的食物或盘子不会过烫——最好让服务员把宝宝的食物放在桌子中央，而不是宝宝面前，这样在宝宝抓食物之前，你可以先试一下温度。

◆不管餐厅的食物有多贵，请让宝宝自己吃，不要试图劝他多吃一口，或者吃一些他不想吃的东西。

◆随身带上宝宝自己的杯子，这样你就不用担心他该如何使用餐厅那些大大的酒杯（或者担心会打碎这些杯子）。大部分宝宝到1岁时都会用杯子喝水，前提是之前你提供给他这样的机会让他进行练习。

◆如果宝宝吃饭时喜欢用（或者玩）餐具，记得随身带一套他自己的餐具。

◆如果你担心宝宝吃得又脏又乱，可以带一块垫子铺在地上，或者等他吃完饭后及时把掉在地上和餐椅上的食物捡起来。

我们太喜欢外出吃饭了，布伦丹在餐厅吃得特别好。我们点餐很快，点完餐后我和老公会有一个人带着他先溜达一圈，要么在餐厅里，要么在路边。饭菜没有上桌之前，我们不会让他坐进餐椅。他不是那种有个玩具就可以自娱自乐的孩子，可一旦饭菜上桌，他就会乖乖地坐着，安静地吃饭。

——马克辛，布伦丹（17个月）的母亲

让宝宝自己动手

大一些的婴儿和幼儿都喜欢在餐桌上自己给自己添加食物。把所有食物都放在公共盘子里，能够最有效地防止你来帮助宝宝决定他该吃多少。同时，这种方式也可以鼓励宝宝进行交流和分享，如果你已经因为食物跟孩子发生了战争，这也是让你们重新享受就餐时间的好方法。

允许宝宝给自己添加食物，能够帮助他学习判断自己的胃口。如果事先被允许决定自己大概吃多少，大部分宝宝在判断自己的胃口方面表现得出奇地精准。因此，与其事先把宝宝吃的那份放在他的盘子里，不如让宝宝主动添加自己想吃的食物。也许他需要一些帮助才能学会使用公用勺子，但还是应该让他决定自己吃什么和吃多少。不过要记得，他会模仿你的行为，所以你要小心盐罐和辣椒酱！

允许宝宝给自己添加食物，除了能够帮助他学习判断自己的胃口，还能很好地锻炼孩子的手眼协调能力、肌肉控制能力、测量的能力，以及判断距离和体积的能力。此外，还能让他体验到自我掌控感和成就感，让他感到自己更加独立。在一开始，沙拉和一些冷盘都非常适合让宝宝尝试锻炼。如果食物很烫，要注意保证宝宝不会烫到自己，特别是喝一些汤类或吃炖锅类食物时。此外，一开始你要忽略宝宝造成的脏乱情况，他锻炼得越多，就会变得越熟练。

莎莉安很想参与到煮饭的过程中，她喜欢帮着大人剥皮、切菜，以及把食物放进锅里搅拌，甚至帮忙擦桌子。她坚持自己浇肉汁，乐于刮干净盘子后再来一份。如果我们煮了炖锅类食物，她会从里面拿出一点儿食物，并告诉我们是否好吃。她会举着一点儿青瓜问："这是青瓜吗？"这是在暗示我们她不喜欢吃青瓜。

——安东尼，莎莉安（3岁）的父亲

小宝宝常常喜欢自己从壁橱和冰箱里拿零食吃。准备一些健康的零食，放在方便宝宝打开的容器里或方便宝宝拿到的水果碗里，都是不错的主意。如果你的确鼓励宝宝自己拿零食吃，请教他和你一样坐好后再吃零食，因为奔跑玩耍时吃零食会有被呛到的风险，并且宝宝永远不能在没有大人监管的情况下吃东西。

如果海莉饿了，她会走进厨房指着冰箱，或者跑到水果碗跟前拿一个苹果或其他水果——她不需要等到午餐时间。我们家没有任何不健康的零食，所以她可以吃任何她想吃的零食。

——塞蕾娜，海莉（2岁）的母亲

在游乐场或幼儿园里，学步期宝宝常常会注意其他孩子在吃什么，并且也想吃一样的食物。即使这些食物不健康，我们最好也不要大惊小怪。一块饼干并不会对孩子造成多大的伤害，但如果禁止吃某些食物，只会让这些食物对宝宝更有吸引力（详情请参见第189～191页）。如果你的宝宝在家里习惯了健康食物，外出时他也多半会选择健康的食物。

> 雷克西前不久参加了一个派对，在那里她自己喂自己吃饭。她拿了一块巧克力蛋糕，但最后剩下了一大半。然后，她把碗里装满蓝莓，全部吃完后又去添了一次——她根本不想吃蛋糕和饼干。
>
> ——哈列特，雷克西（22个月）的母亲

切忌用食物作为贿赂、奖励和惩罚

随着孩子慢慢长大，父母很容易拿食物来奖励他们好的行为，或者用食物来贿赂他们去做自己不愿意做的事情，甚至通过不让他们吃某些食物来作为惩罚。事实上，把食物和孩子的表现联系起来，而不是和孩子的胃口联系起来，会让孩子对食物的态度发生转变，从长期来看，甚至会对管教他们的行为产生灾难性的影响。

当孩子表现出好的行为时，父母用食物进行奖励，这看起来并无坏处，但你要记得，这时你（或其他家庭成员）奖励孩子的食物肯定不是一盘蔬菜或一根香蕉，很可能是巧克力、饼干或糖果。在这之后，你的孩子很快就会特别渴望这些食物，这会让孩子形成预期：如果自己表现好，就会吃到这些东西。这里有三个潜在的问题：你的孩子会认为巧克

力和糖果比别的食物“更好”；他会吃更多高糖的食物；他会为了得到蛋糕才表现良好。

用食物来贿赂或者惩罚孩子，也会产生类似的问题。一旦你开始说“如果你吃掉胡萝卜，我们就去公园玩”或者“如果你不吃完芽菜，就不能吃布丁”这样的话，你的孩子很快就会对蔬菜产生怀疑，而且会很肯定地认为蔬菜没有布丁好。他们不得不先吃下“不好”的食物，然后才能吃到“更好”的食物。为什么孩子不可以像大人一样在吃饭时留一点儿空间来吃甜品？如果你不希望孩子吃的甜食多于香喷喷的饭菜，那么最好不要让布丁出现在餐桌上。

贿赂、奖励和惩罚会让孩子把食物与权利、控制混淆起来。这和宝宝自主进食的理念是相悖的，因为它干预了孩子知道自己需要什么食物的本能。而且从长期来看，这样的方法并不会奏效，因为孩子很快就会看穿这些伎俩，并重新寻找方法夺回控制权。

汤姆快4岁了，他的很多同龄朋友吃饭时还需要父母用勺子喂。这些父母每天需要做的事跟孩子6个月时一样：追赶在孩子后面，不停地说着“你要把西蓝花吃完才可以吃好吃的”之类的话。其实，用陈述事实的方式来表达会简单得多。你完全可以这样说：“现在是晚餐时间，你想吃什么就吃什么，不想吃的就不要吃。”

——菲尔，汤姆（4岁）的父亲

食物与安抚

当宝宝哭闹不安时，父母也会忍不住给宝宝一些糖果来安抚他们。这样的行为其实也是在用糖果贿赂他们不要哭。事实上，宝宝这时真正需要的，是父母的拥抱和亲吻。不断地用糖果来安抚宝宝，会让他们混淆这两件事。而且等宝宝长大后，一旦出现沮丧的情绪，他们更容易依靠吃甜食来缓解。

避免吃饭战争

大多数吃饭战争的发生，都是因为父母认为宝宝需要的和宝宝自己想要的不一致，但父母还是坚持自己的做法，因为他们认为这是对宝宝好。如果采用宝宝自主进食的方法，只要父母能够一如既往地相信宝宝的胃口，就不会出现这种情况。

宝宝天生有着强烈的求生本能，特别是在吃的方面。他们非常清楚自己什么时候需要吃什么以及需要吃多少，关键在于父母需要信任他们。有时候，父母很难相信一个18个月大、特别好动的宝宝所吃的食物，竟然跟他9个月大时一样多（甚至更少），而且9个月大时的喝奶量甚至更多。但是要知道，宝宝第一年是需要额外的卡路里来帮助他们快速生长的。尽管1岁后的宝宝看上去仍然在猛长，但他们生长的速度远远不如1岁之前，因此这时他们不需要更多的食物。事实上，如果一个宝宝在第二年吃的食物跟第一年一样多，就会造成肥胖。

父母完全没必要比宝宝小时候更加担心他现在的进食情况，如果宝宝是健康、精力充沛的，就说明他知道自己需要什么。只需要保证你提供给他的三餐都是营养丰富且均衡的，同时他没有摄入过多的牛奶、果汁或不健康的零食（特别是当他越来越能向你表达自己的需求时）。最重要的是，要保证吃饭时间是轻松愉快的。很多时候，我们太容易让吃饭时间变成一场争夺权力的战争，而战争的结果总是宝宝吃的比父母所希望的更少。

让吃饭时间安全且轻松愉快

◆一如既往地相信宝宝的胃口——这是他的胃，他知道自己需要什么；

◆提醒自己：他比小时候吃得少，可能是因为他的生长速度放缓了；

◆保证在两餐之间不过度摄入牛奶、果汁和没有营养的零食；

- 在吃饭时，尽可能让他给自己添加食物；
- 如果你允许宝宝自己拿零食吃，记得告诉他吃零食时需要坐好；
- 避免把食物当成贿赂、奖励和惩罚孩子的手段；
- 不要把食物当成安抚孩子的工具。

当佩琪2岁后，我的母亲决定不能再让她按照自己的方式随心所欲地对待食物了。如果佩琪没有吃完，外婆会假装要去吃她盘子里的食物，并且说："你不会浪费这些可口的食物，对吗？"她这么做完全是出于好意，也是她多年喂养孩子的习惯，并不是想欺负佩琪。但佩琪开始在吃饭时出现一些问题，比如她会把盘子推开——类似的情况只发生在外婆在场的时候。

——丹妮尔，佩琪（3岁）的母亲

BLW故事

宝宝自主进食的方法实在太轻松了。琳达总是乐于坐着自己喂自己，她特别享受就餐时间。最近我的一个朋友在做兼职保姆，让我帮她用勺子喂她看管的孩子，但我做不到。尽管我的第一个女儿是用勺子喂食的，但在琳达身上实行了自主进食的方法后，我真的不再习惯用勺子喂宝宝了。朋友看管的这个宝宝已经1岁了，完全有能力自己喂自己，继续用勺子喂食是不对的，感觉像是在强迫孩子吃饭。

相信孩子，让他们自己喂自己吃，这是多么自然的一件事啊！在琳达身上使用这种方法后，完全改变了我对吃饭的看法。当年给我的大女儿乔添加辅食时，我总是说一句话：“吃光你的晚餐。”她到现在还记得这句话。现在回想起来，我觉得自己当时太刻薄了。如果实行宝宝自主进食的方法，你就不会这么说了。这是我思维模式的一大改变，因为我小时候也是被这么教育的——一定要吃光盘子里的食物。

如今和琳达一起吃饭，我更加轻松了。我知道这种状态会贯穿她的整个童年，因为我允许由她自己来决定是否想吃以及吃什么。我不会再把吃饭变成战争，这是多么正面的一件事。

——露西，乔（16岁）和琳达（17个月）的母亲

当妈妈重返职场

当你结束产假准备回去上班时，为宝宝找一个照顾他的人是一项不小的挑战。但实行宝宝自主进食的方法不会造成额外的问题，只要你提前计划，花时间让照顾宝宝的人（不管是你的亲戚、保姆还是托儿所的老师）提前了解宝宝自主进食的理念，保证他们可以安全地实施这种方法。

大部分托儿所老师、保姆和祖父母，只要看过一次宝宝自己喂自己的过程，就很容易接受宝宝自主进食的理念。特别是祖父母，一开始都会质疑这种方法，但只要看到孙子、孙女能够自己喂自己，并且吃得特别好时，他们都会表示后悔当年自己孩子还小的时候不知道这种方法。但是接下来要照顾你宝宝的人，可能长久以来都是用勺子喂宝宝的，他们不理解为什么你不赞同他们用“正常”的方式来喂养你的宝宝。对于他们来说，如果没有亲眼见过六七个月大的宝宝自己喂自己，他们几乎都不敢让宝宝去碰真正的食物。

回头来看，宝宝自主进食的方法对于我父母来说非常便利。那时我需要回去上班，他们需要帮我照顾娜塔莉娅。这意味着他们不需要额外为她准备食物，只需要多准备一些大人的食物即可。我父母那时对于可以如此简单地准备宝宝辅食表示很惊讶。

——朱莉，娜塔莉娅（4岁）的母亲

如果宝宝的新看护人自己也有孩子，你可以提醒他们应该从宝宝6个月开始鼓励他尝试手指食物，并且从这个月龄开始就可以学习咀嚼。你现在所做的一切（也是你要求他们做的），正是省去辅食泥的阶段。

每个人脑海里都有一幅宝宝刚开始吃辅食时的画面，对于大部分人来说，这幅画面就是一个斜躺着的16周（差不多4个月大）的宝宝。当你跟他们解释说，现在谈论的不是那样的宝宝，而是一个可以坐直、能够自己把食物捡起来并进行咀嚼的月龄更大的宝宝，他们就可以理解这一切了。

——凯蒂，萨米（5岁）和埃尔维斯（2岁）的母亲

如果你刚刚开始实行宝宝自主进食的方法，就需要把宝宝交给其他人看护，一定要让看护人理解：在这个阶段，宝宝吃饭是为了玩耍和学习，而且大部分宝宝在最初几周即使一点儿辅食都没吃进去也是正常的。因为如果他们发现你的宝宝很长一段时间内都不怎么吃辅食，可能会感到焦虑，但当你一开始就告诉他们这些是正常的，他们就不会那么焦虑了。

如果宝宝感到有压力，就不敢尝试新的食物。因此，在你回去上班最初的那几周，你的宝宝很可能只吃之前吃过的食物。他甚至对辅食一点儿胃口也没有，只想喝奶。但如果他逐渐习惯了新的作息时间，就会恢复到从前的样子。

很重要的一点是，你需要让宝宝的新看护人明白，当宝宝饿的时候不应该给他提供辅食，而应该让他喝奶。

每次给宝宝提供固体食物时，应该多提供几个品种，同时要放手让宝宝自己决定怎么处理这些食物。没有必要把食物放在宝宝的手上，更不要直接把食物塞到宝宝的嘴里。请跟看护人解释：在一开始，长条形的食物最容易让宝宝拿着吃（很多保姆都认为应该把食物切成丁，这种形状其实更适合已经学会使用餐具的学步期宝宝）。在宝宝的看护人明白什么形状的食物以及哪些食物适合宝宝吃之前，你可以先提前准备好宝宝要吃的食物。

有时候，艾米的保姆会把她吃的食物切得过小，导致她无法拿起来。这是一个习惯的问题，如果你像她一样用传统的方法喂养10个孩子，你也会情不自禁地为宝宝先做辅食泥，接着是粗颗粒状食物，然后是小块食物。一开始就为宝宝提供大块、大条的食物，这对她来说是非常颠覆性的做法。

——亚历克斯，艾米（21个月）的母亲

此外，还需要让新看护人知道，需要给宝宝足够的时间让他吃饭。而且一定要让他们知道，你真的不介意宝宝吃得很少，甚至不吃。大部分祖父母或保姆都会觉得，如果宝宝不吃完他们认为他应该吃的量，就意味着他们失职。

当我把凯利抱出餐椅时，保姆就会跟我说："她其实还想吃，但需要我喂她，不然她就不太想吃。"我总是不断地强调，即使她一口都不吃也没关系。但对于他们来说，对宝宝不吃饱的担忧是根深蒂固的。

——玛茜，凯利（2岁）的母亲

最好提前让新看护人知道，宝宝吃饭时会掉很多食物在地上，这样他们就会有思想准备，既能提前做好必要的防护措施来应对脏乱的情况，也能明白只有掉在干净表面的食物才能重新给宝宝吃。

新看护人还需要了解干呕的概念，以及如何区分干呕和被呛（很多人会把干呕和被呛混淆，从而产生不必要的惊慌）。要让他们明白：为什么进食时要让宝宝竖直地坐着，并且旁边一定要有人看护；为什么一定要让宝宝自己把食物送进嘴巴里。如果他们同时照看几个孩子，要提醒他们不要让大孩子把食物塞进你宝宝的嘴巴里（照看多个孩子的看护人，最好之前参加过急救方面的培训）。

任何照顾你宝宝的人，都会受益于你总结的关于宝宝自主进食方法的小贴士。最好随时和他们分享宝宝吃饭技巧和口味的发展过程，请他们按照你要求的方法去做。

上班后的母乳喂养

有些妈妈会提前把母乳挤出来，这样她们上班后宝宝还可以继续喝母乳；而有些妈妈则觉得保姆带宝宝时喝配方奶更方便。你的决定取决于很多因素，比如，你一天要和宝宝分开几个小时，你的老板和同事对你挤奶的支持程度，等等。很多上班族妈妈还发现，每天上班前和下班后亲自喂宝宝，是继续与宝宝保持亲密关系非常好的一种方式。

要记住，1岁以内的宝宝仍需摄入足够的奶量。有些宝宝可能白天不需要任何奶，而是等妈妈下班回来才吃母乳，以补上当天所需要的奶量。很多妈妈会惊讶于宝宝的适应能力和亲自喂奶的灵活性。但是，如果你需要长时间离开宝宝，并且不想提前给宝宝留母乳，那么最好准备一些配方奶，以便其他看护人可以喂他。你不能想当然地认为宝宝没奶喝时就会吃更多辅食。

关于妈妈工作后的母乳喂养问题，你可以咨询健康访视员、当地的母乳喂养顾问或免费的咨询热线，他们会给你更多的建议。

尽管你一整天都忙于上班，但你还是需要跟宝宝一起吃几顿饭。如果从实行宝宝自主进食一开始，宝宝就是由其他人看护的，而你也不想错过他最初探索食物的过程，那么在开始的几周，你可以尝试每天和他一起吃早饭或晚饭，其他时间继续喝奶，直到你觉得可以放心地由保姆为他提供食物为止。毕竟在开始的几个月，宝宝不需要严格按照一日三餐来吃辅食，只要不减少喝奶量，他就不会被饿着。

很多妈妈在临上班前会非常焦虑，希望宝宝能够很规律地吃饭。为此有的父母会在宝宝6个月之前就开始添加辅食，甚至会迅速减少宝宝的喝奶量。这并不是个好方法——如果你想实行宝宝自主进食的方法，这样做通常不会成功。如果宝宝还没准备好，他对食物就不会感兴趣。当你试着劝他吃的时候，他很可能会彻底拒绝BLW这种方法。打算回去上班的妈妈，如果提前跟老板沟通，他对于你重回岗位的日期通常是比较灵活的。因此，如果你希望在宝宝刚开始添加固体食物的几周陪伴着他，不妨跟你的老板协商晚一两周再回去上班。

我回去上班后还坚持挤奶，但我发现母乳的产量在慢慢下降。当奥利维亚11个月大时，我一天只能挤几盎司（1盎司＝30毫升）

母乳。于是，我决定白天不再挤奶，而是留在下班后亲自喂她，她很愉快地接受了。所以，我的母乳喂养就变成了早上上班前一顿和晚上下班后一顿。

——法丽达，奥利维亚（2岁）的母亲

如果宝宝的新看护人不想实行宝宝自主进食的方法，你们之间需要相互妥协。否则尽管宝宝的适应能力很强，但他可能还是会疑惑：为什么他跟你一起吃饭和他跟其他人一起吃饭时的做法不一样呢？所以，你的宝宝很快就会明白：可以从不同的人那里期待不同的事。最重要的是，新看护人需要允许宝宝"告诉"大人他已经吃饱。如果他们总是鼓励宝宝多吃，可能会导致宝宝过早减少奶量的摄入，而过多地依赖辅食泥来填饱肚子。这样一来，当你和宝宝一起进行自主进食的方法时，他会更加容易沮丧。当然，不出一两个月，新的看护人就会对放手让宝宝自己处理食物更加有信心。

适合全家的健康饮食

“宝宝自主进食的方法，让全家人有机会重新审视自己的饮食问题。为保证自己的宝宝吃得健康又营养，很多父母有了改变全家人饮食状况的动力。

——伊丽莎白，健康咨询师

健康饮食的重要性

宝宝自主进食的核心理念，就是让宝宝跟你坐在一起吃家庭餐。因此，很多父母会趁着为宝宝添加辅食的机会，重新建立起更加健康的家庭饮食习惯。让宝宝习惯于每天吃健康营养的家庭餐，能够让他今后保持更加健康的饮食习惯。

这一章不是深入地探讨婴幼儿的营养问题，而是讨论关于全家健康饮食的基本知识。宝宝通过模仿他人来学习和发展技能，如果家庭中的其他成员都吃得营养又健康，那么你的宝宝也会这么做。宝宝想吃什么食物，很大程度是受你的影响——他还太小，不会受广告和朋友的影响，也没有能力自己去超市购物！

> 宝宝知道什么时候他吃的食物和你一样，什么时候和你的不一样，你也很清楚他知道这一点。如果你在吃一个上面浇满各种东西的冰激凌，你的宝宝也会想吃。因此，这能够促使你开始注意自己的饮食。
>
> ——玛丽，埃尔西（23个月）的母亲

养成健康饮食的习惯，并不意味着你需要一直担心宝宝的营养，或者限制他的饮食。只要你提供给他营养均衡的食物，接下来你需要做的就是信任你的宝宝，相信他知道自己什么时候需要吃什么。请记住，在添加辅食的最初几个月，宝宝的营养大部分还是来自奶，他从辅食中摄取的营养需求很少。在这个阶段，他还在学习了解食物的味道、材质以及如何进食。尽管如此，你仍然需要保证提供给他的食物是健康且丰富的，这样他额外摄取的能量（即使只有一点点）也是富有营养的。

当宝宝逐渐长大后，你会发现即使你每天都提供给他营养均衡的三餐，他还是会经历偏爱某种食物而完全不吃其他食物的阶段。比如，他会连续几天只吃碳水化合物类食物，或者一整天只想吃香蕉。不管这样的情况有多么极端，对于婴幼儿来说都很正常。因此，你不需要过分担心宝宝每顿饭或每次零食吃什么，你要做的就是保证每天提供给他的食物能够涵盖所有的营养品类。

这一章的很多知识对于成人或青少年也很适用，可以帮助你了解如何针对不同年龄段的人群提供健康的饮食。但是在你给宝宝准备食物时，有一些重点需要记住：

- 相比成人，宝宝需要更多的脂肪和较少的纤维（详情请参见第116～118页）；
- 有些食物宝宝是不应该吃的（详情请参见第107～112页）。

如果你觉得家庭的饮食缺少某些营养素，可以参考第220～221页的表格，对照看看哪些食物可以提供对宝宝来说格外重要的维生素和矿物质。

BLW故事

我自己有一段非常不愉快的厌食经历，所以不希望我的女儿埃莉诺也这样。如果从一开始她就可以自己决定吃什么，餐桌就不会变成战场，从而就会避免重蹈我的覆辙。

当我还是学步期的孩子时，我一直被父母要求吃完盘子里所有的食物才能离开餐桌。我经常通过干呕和呕吐把食物吐出来，吃饭成了我和父母之间的权力斗争，而最终总是我获胜，毕竟没人可以真的强迫我吃饭。直到现在，我吃饭时还像个孩子，面对自己不喜欢的口味或性状的食物时，我都会干呕。

说实话，当埃莉诺快6个月大时，我一想到自己需要烹饪并品尝那些难闻的辅食泥，就害怕得不想给她添加辅食了。如果我自己都不想吃这些辅食泥，有什么理由期望我的女儿会吃并且喜欢它们呢？我们的儿科医生很有经验，我和她提到想尝试BLW时，她非常支持。后来我才知道，她多年前也对自己的孩子尝试过相似的方法。

如今，因为我需要为女儿做好榜样，所以迫使自己开始注意自己的饮食。我以前只吃意大利面这类食物，现在我希望埃莉诺可以看到我在吃健康的食物。如今我的冰箱里放满了更加健康的食物，这对我和女儿的饮食习惯都有着正面的影响。

——杰基，埃莉诺（7个月）的母亲

膳食平衡的基本原则

你如何知道自己的家庭饮食是健康且营养均衡的呢？其实要知道答案，没有想象的那么难。全世界不同国家的传统饮食基本上都是营养均衡的。新鲜食材搭配蔬菜和水果所做成的多样化饮食，基本上能够保证宝宝和全家人所必需的营养元素。一旦你引进快餐、即食食品和加工过的零食，营养均衡就会被打破，你的宝宝和家人就会摄入过多的饱和脂肪、盐分和糖分，而缺乏维生素和矿物质。如果长期吃这些食物，心脏疾病、糖尿病和癌症的发病率就会显著提高，其中高盐的饮食习惯对宝宝尤其不利。

营养均衡的饮食是建立在几大类食物合理搭配的基础之上的，能够提供身体所需要的所有营养元素。水果、蔬菜、谷物和碳水化合物应该是家庭饮食的主要成分，同时需要有一部分蛋白质和高钙食物，再加上少量健康的脂肪和油脂。下面是成年人和青少年一天所需要的食物分配比例（其中一份大概是每个人的手掌打开时所能盛放的量）：

◆绿叶蔬菜和水果：5份（3份蔬菜和2份水果的搭配为最佳）；

◆谷物和根茎类蔬菜（米饭、土豆、意大利面、面包等）：2～3份；

◆肉类、鱼类或其他高蛋白食物（如豆类）：1份；

◆奶酪、牛奶、酸奶和其他高钙食物，比如鹰嘴豆泥、小骨鱼（如沙丁鱼）：1份；

◆健康脂肪（比如橄榄油、坚果类和种子类）：1/4份。

和以上成年人的需求有所不同，宝宝需要吃蛋白质和脂肪含量更高的食物，学步期幼儿则需要吃碳水化合物含量更高的食物。尽管如此，你仍要记得，宝宝的一份是指宝宝的手掌所能盛放的量，可见宝宝需要摄入的食物没有我们预期的那么多。同时你还要注意，对于1岁以内的宝宝，你不应该期望他从固体食物中摄取以上所有的营养，因为在这个阶段奶是他营养的主要来源。因此，上面关于份数的概念，需要等宝宝1岁以后才适用。

> 实行BLW的一个连锁反应，就是很多家庭开始对全家的饮食进行调整，他们开始准备新鲜、健康的食物，学习新的烹饪技能，开始重视全家人的健康。
>
> ——朱莉，公共营养师

丰富多样的饮食结构

在保证饮食营养均衡同时，也需要保证食物的多样性，这也是确保宝宝摄入足够营养的重要途径之一。丰富多样的饮食能够涵盖不同的食物品类，保证提供给宝宝足够的维生素和矿物质。如果只限于让宝宝吃某一些食物，不管这些食物多么有营养，还是会影响宝宝所摄入营养的均衡性。此外，提供丰富多样的食物，能够让宝宝尽早体验不同食物的口味、气味和材质，从而使他今后更容易接受新食物。

因此，如果你每周的采购清单都是一样的，那么是时候考虑增加一些新的食物了。想一想你已经养成的一些饮食习惯，比如每天早餐吃一样的东西，或者一周几乎吃相同的几道菜。这样的饮食习惯不能说不健康，却无法为宝宝提供足够多种类的食物。再加上你吃的某些食物他可能不喜欢，那么他真正能吃的食物就更加有限了。

可以尝试以下的小贴士，来保证饮食的多样性。

水果和蔬菜

◆ 准备颜色不同的水果和蔬菜，越多越好：红色、黄色、绿色、橘色、紫色——每种颜色的水果含有的主要营养成分是不同的；

◆ 尝试一些平时你不会买的水果和蔬菜；

◆ 不妨增加一些有香味的食物，比如西芹、香菜和罗勒[①]，它们都含有多种维生素和矿物质。

谷物和淀粉类（碳水化合物）

◆ 如果你平时把土豆当作碳水化合物的主要来源，不妨时不时将其换成米饭或其他谷物（反之亦然）；

◆ 可以用根茎类蔬菜（比如红薯或甘蓝）来替代普通土豆；

---

① 罗勒是一种草本植物，既可以药用，又可以做菜品，是一种难得的烹饪香料。

◆小米、保加利亚小麦、北非米和藜麦都可以用来替代大米；

◆富有冒险精神一些！用粥或由其他谷物做成的麦片，来代替平时的早餐麦片；

◆荞麦、粗麦粉可以用来代替烘焙和烹饪时用的普通小麦；

◆裸麦、黑麦面包或者其他非麦类面包，可以偶尔用来代替平时所吃的“正常”面包；

◆如果你通常吃小麦制作的意大利面或其他面条，为什么不尝试换成非麦类的呢？

富含蛋白质的食物

◆肉类的不同部位所含的营养物质是有差异的——比如鸡腿肉和鸡胸肉的营养成分不太相同；

◆一些动物内脏，比如肝类，含有很丰富的营养（尽量选购有机的动物内脏，因为它们当中含有的毒素较少）；

◆鸡肉、牛肉、羊肉和猪肉都是很好的肉类，而一些野味儿，比如鹿肉、鹧鸪肉、兔肉、野鸭肉、鹅肉等，营养也非常丰富（当然，它们相对更贵一些）；

◆不要忘记豆类，比如青豆、黄豆、豌豆等，它们含有不同于动物蛋白的营养成分，而且也是素食主义者很好的选择。不妨尝试把豆类加入你的炖菜或咖喱料理中。

富含钙元素的食物

◆你不需要每天都通过摄入奶制品来获取足够的钙质，沙丁鱼、鹰嘴豆泥也是很好的选择；

◆ 多尝试不同种类的奶酪，包括牛奶做的不同种类的奶酪，以及绵羊奶、山羊奶和水牛奶做的奶酪；

◆ 大部分面包都富含钙元素。

健康脂肪的来源

◆ 可以把现磨的坚果粒和种子粒添加到粥和麦片中；

◆ 可以把亚麻籽油或核桃油添加到沙拉酱中或浇在意大利面上。

垃圾食品

市面上销售的即食食品（如蛋糕、巧克力、饼干、薯片、糕点、派等），通常含有高糖、高盐、高饱和脂肪，这些食物最好不要吃，如果一定要吃，必须控制摄入量，一周最多只能吃几次。那些含有很高盐分和反式脂肪酸的食物最好完全避免。

当然，这并不意味着你完全不能给宝宝吃市面上销售的蛋糕或饼干，你需要意识到，从营养角度来说，这些都不是最佳的选择。你完全可以在家做营养更加丰富的替代品，比如用香蕉、水果干或糖蜜来为蛋糕或饼干增加甜味，也可以在饼干里添加麦片，或者减少食谱中建议的糖的使用量。其实在家做蛋糕和饼干本身也是一项非常有趣的亲子活动，孩子一定会很乐意和你一起做。

对于垃圾食品的控制方法，比较可行的是采用“80/20定律”：如果你能保证宝宝的食物中80%都是营养丰富的，那么可以适当给他一些“不好”的食物，这样并不会给宝宝带来什么危害。完全禁止这些“坏”的食物（特别是当孩子看到其他孩子在吃时），或者把这些“坏”的食物当成奖励，反而会让孩子更渴望吃这些食物。当然，如果你本身就不喜欢吃垃圾食品，家里也没有存放这类食品，其实你的孩子根本就不会想吃。

素食主义者和纯素食主义者

如果完全不吃某些食物，会导致某些营养元素的缺失。素食主义者体内通常会缺少铁元素和蛋白质，而纯素食主义者（指肉类、鱼类、蛋类和奶制品都不吃的人），会缺少B族维生素、铁、锌、钙和氨基酸。如果你希望宝宝也遵循纯素食主义的饮食习惯，就需要额外注意这些营养物质的补充。

一般的素食主义者可以通过奶制品来获取蛋白质，但是不建议每顿都靠大量的奶酪作为蛋白质的摄入来源，因为奶酪中脂肪和盐的含量都很高。非动物性蛋白质中氨基酸的含量很少，如果能够注意食物搭配，就可以弥补这个缺陷。

豆类——比如青豆、扁豆、豌豆等，水果干——比如黄桃干、无花果干、西梅干等，以及绿叶蔬菜都是很好的铁元素来源。维生素C的摄入能够帮助身体更好地吸收铁元素，因此每顿应该多吃一些富含维生素C的水果和蔬菜（或者喝稀释的鲜榨果汁），这样能保证身体最大程度地吸收食物中的铁元素。

如果你家庭的饮食中杜绝吃某些食物，你最好跟营养师咨询该提供给宝宝什么样的饮食，以保证他身体中营养的均衡。他们会给你一些如何进行健康的食物组合的建议，也会告诉你是否需要摄入营养补充剂。

让食物发挥其最大功效

我们总希望食物既有较长的保质时间，价格又便宜，这就意味着大部分的食材都是含有化学物质的：农作物都会喷洒防虫剂或杀菌剂，大部分即食食品在加工过程中都会加入味觉添加剂、防腐剂和人造色素等。其中的很多化学物质对人体都具有潜在的害处。至于它们会对婴幼儿造成怎样的危害，这方面的研究少之又少。不幸的是，大部分不用化学制剂的有机食物价格很贵。但其实并不是所有食材都需要购买有机的。即使你买不起（或买不到）有机食物，还是有办法尽可能减少食物上残留的化学物质，从而保证从食物中获取尽可能多的有益营养。

◆如果你负担得起，请尽量购买有机食材，特别是孩子经常吃的食物，可以优先考虑购买有机食材（非有机的肉类、蛋类、根茎蔬菜和谷物等，尤其比有机的同类食材含有更高的化学物质）。同时也要记得对比价格，很多有机食物，比如牛奶等，并不比非有机的贵很多。

◆关注有机食物网站，很多网站可以送货上门，而且价格比实体店更便宜。此外，这样的购买习惯也许还能帮你省钱，因为你不会像在超市购物那样受到现场的很多诱惑，以至于常常购买一堆不必要的东西。

◆尽量购买当季、当地的水果和蔬菜，它们比进口的更新鲜（进口食材不仅储藏时间更长，而且考虑到运输的时间，很多食材在未成熟时就被采摘，这会影响其中的维生素含量）。

◆如果你购买的食物是有机的，在吃水果和蔬菜时，请尽量连皮一起吃，因为皮中含有很多营养物质（非有机的食材最好削皮后再吃，因为皮上通常会残留很多农药）。

◆购买非有机的水果和蔬菜后，记得食用前一定要彻底清洗，最好使用稀释过的白醋或市面上销售的“蔬菜清洁剂”，来帮助彻底清洁水果和蔬菜表面的蜡和杀虫剂。

◆选择蒸蔬菜而不是煮蔬菜，可以最有效地减少营养物质的流失。

◆做酱料时，可以使用烧蔬菜留下来的水，这样可以保证水中的营养物质不被浪费。

◆请尽量在吃或烹饪时才切开蔬菜和水果。如果无法做到这一点，记得要用保鲜膜将切好的蔬菜和水果包好放进冰箱进行冷藏（很多食物的维生素C会从切面流失，在室温下的流失速度最快）。

◆烹饪好的食物要尽快食用。

◆如果买不到新鲜的蔬菜，请尽量选择冷冻的蔬菜，而不是罐装的或干蔬菜。相比之下，冷冻蔬菜含有的维生素更高一些。

◆如果不得不买罐装蔬菜，请尽量选择水浸罐头或油浸罐头，而不是糖浆罐头或盐水罐头（腌制的）。可以选择低盐、低糖的烤豆罐头。

◆尽可能少买那些便利的即食食品。

营养指导

我们需要一系列营养物质来维持身体的健康。下面就来介绍人体需要从食物中获取的主要营养物质有哪些。在宝宝出生后的前6个月，母乳当中含有人体所需的一切营养物质，并且是以最优化的比例进行搭配的，以满足宝宝生长发育的需求。1岁之后，宝宝可以从大部分的食物中获得这些营养物质。

维生素和矿物质

维生素和矿物质是保证身体健康不可或缺的元素，它们参与身体所有器官的运行，并用来维持正常的免疫系统。水果和蔬菜为我们提供了大部分身体所需的维生素和矿物质，仍有一小部分需要从谷物和动物食品中获得。

碳水化合物

碳水化合物的主要作用是为身体提供能量。碳水化合物进入身体后，会分解成两大成分：糖和淀粉。糖会为身体提供即时的能量补充，而淀粉会被身体慢慢分解，以便为身体提供“缓慢长效”的能量补充。水果是天然糖分的来源，它比添加在饮料和糖果中单纯用来补充能量的糖分对宝宝和成人都更有益处。大部分食物都或多或少地含有一些碳水化合物。全麦食物，比如土豆等蔬菜，尤其可以为身体提供“缓慢长效”的能量补充。

蛋白质

蛋白质用来帮助身体成长和修复身体细胞。成年人身体的肌肉和器官中含有大量的蛋白质，当它被消耗之后，就需要及时得到补充。孩子比父母需要更多的蛋白质供给，因为他们的身体还处在生长发育的阶段。

蛋白质的一个很重要的组成部分是氨基酸，但不是所有食物都含有人体所需的氨基酸。简单说来，动物蛋白是最“完整”的蛋白质，而豆类（比如青豆、扁豆等）、菌类蛋白（比如阔恩素肉[①]）和谷物（比如米饭、麦片）等，都是“不完整”的蛋白质。因此，吃谷物时添加一点豆类或菌类蛋白（当然，并不需要每顿都这么吃），可以起到互相补充的作用，相当于摄入了“完整”的蛋白质。唯一非动物蛋白，又可以提供身体所需氨基酸的食物，是大豆（通常存在于组织化植物蛋白、豆豉、豆腐、豆奶等当中）和藜麦[②]。

脂肪

脂肪用来帮助大脑和神经进行正常运作，同时也是能量的来源。由于脂肪具有较高的密度，因此只需少量摄入即可。脂肪可分为两种类型：饱和脂肪和不饱和脂肪。饱和脂肪在室温下是固体的（比如黄油、猪油），大部分来源于动物类食物。不饱和脂肪主要存在于蔬菜、坚果和种子类食物以及深海鱼类当中。尽管饱和脂肪对于青少年的危害没有像对成人那么大，但不饱和脂肪对健康更有利。

宝宝需要摄入比成年人更多的脂肪。对宝宝最有益的是脂肪酸（比如Omega-3、Omega-6）和单元不饱和油脂。Omega-3对于大脑发育尤其有益，它通常存在于鱼油中，但最好的来源是母乳！

---

① 一种用菌类蛋白质制成的肉类替代品。

② 一种南美产的谷物，外形和北非米类似，带有淡淡的坚果味道，可以作为大米的替代品。

纤维素

严格说来，纤维素并不是营养素，却非常重要，在日常饮食中必须适量摄入，因为它能够有效预防便秘，保证肠道的健康蠕动。此外，纤维素还能让人更有饱腹感，以免吃过量。纤维素分为两种：可溶性纤维素和不可溶性纤维素。不可溶性纤维素存在于全麦食品（如全麦面包、全麦面条等）和麦麸当中。可溶性纤维素存在于水果、麦片、青豆、鹰嘴豆和糙米中。

尽管两种纤维素都对成人和青少年有益，但如果宝宝摄入过多不可溶性纤维素，会对他们幼嫩的肠胃系统造成不良刺激。如果食物当中的不可溶性纤维素含量过高（比如生麦麸），还会阻碍钙和铁等矿物质的吸收。因此，对于那些纤维含量过高的食物，比如含麦麸的谷物等，不适合给婴幼儿吃。

全麦食物中含有很多纤维素，因此需要多吃才能保证获得足够的营养物质。但宝宝的胃容积有限，如果他们摄入过多的纤维素，就会存在营养摄入不均衡的风险。在你给宝宝提供全麦面包或全麦意大利面时，请同时提供一些其他营养丰富的食物，这样自然就会限制不可溶纤维的摄入量。

不过，宝宝的确需要很多可溶性纤维素来保证健康的肠道系统和正常的大便。因此，在宝宝的膳食中，不必限制那些含可溶性纤维素的食物，比如燕麦、青豆、糙米、豌豆和水果等。

坚果

坚果营养丰富，是很好的蛋白质和能量的来源，因为它们的脂肪含量很高。但是坚果很硬，不容易咀嚼。而且如果不小心进入气管，它们不会像其他食物那样变软、融化，因此婴幼儿食用它们时存在很高的窒息危险。坚果（尤其是花生）还是高致敏食物。如果你有坚果过敏的家族史，至少要等到宝宝1岁后甚至更大才能食用坚果。如果你的家庭里没有人对坚果过敏，你就可以给宝宝吃坚果，但一定要先将其磨碎或做成坚果酱涂抹在面包上吃。建议不到3岁的宝宝不要吃整粒坚果。

营养来源一览表

第220～221页的表格，显示了对宝宝尤为重要的营养物质的来源。每天保证让宝宝摄入一定量表格中的营养物质，就能保证宝宝的饮食是健康且营养均衡的。在表格中，如果某种食物是非常好的某种营养物质的来源，在对应的那一格就会有更多的“√”；如果某种食物与某种营养物质的交叉处没有“√”，说明这种食物虽然含有该营养物质，但含量非常少。

有些营养物质（如维生素E和硒）存在于很多食物中，因为太过普遍，所以并没有将它们列在表格当中。不过，我们特地选取了维生素

A、B族维生素、维生素C、维生素D、铁元素（用于保证健康的血液）和钙元素（用于保证健康的骨骼），因为有些饮食习惯很可能导致这些元素的缺乏。锌也是一种重要的矿物质，有些饮食习惯会造成锌元素的缺乏，但通常含铁量高的食物都含有丰富的锌，因此也没有将锌专门列出来。

从表格中可以看出，某些食物中含有很多不同的营养元素。因此，一顿饭——比如煎三文鱼或青花鱼，再配上米饭、豌豆和胡萝卜——就可以提供碳水化合物、蛋白质、铁、钙、健康的脂肪以及其他维生素和矿物质。饭后再来一些水果，就是非常完美的一餐了。

你知道吗

◆橄榄油很适合烹饪，而且颜色越深的橄榄油，对人体越有益；

◆尽管深海鱼类是最健康的食物之一，但目前英国政府建议，女孩（包括女宝宝）一周吃深海鱼的量不要超过两份。这主要是为防止鱼肉中少量的有毒物质在体内累积，从而对她们今后怀孕造成影响。而男孩一周可以吃4份深海鱼。

◆新鲜的金枪鱼属于多脂鱼，含有很多重要的脂肪酸，如Omega–3等。但金枪鱼罐头中营养物质的含量会大大减少，因为很多营养物质在加工过程中流失了，因此要尽量避免选择金枪鱼罐头，而应该购买新鲜的金枪鱼。

◆鲨鱼和青枪鱼含有较多的污染物质（因为它们以吃其他鱼类为生），因此最好避免吃这些鱼类。

◆吃整只水果比喝果汁更有益，这不仅是因为新鲜水果中含有更多的纤维素，还因为它们含有更多的维生素C。

◆牛油果中富含有益健康的脂肪，因此比其他水果更让人具有饱腹感。

◆大豆中铝元素和植物雌激素的含量很高，因此对于大豆制品，比如豆奶和组织性植物蛋白等，不要吃得过于频繁（特别是对宝宝而言）。

◆动物肝脏富有营养，特别是铁的含量很高。但是一周最好不要吃超过两次，因为动物肝脏中含有很多维生素A，维生素A摄入过量会造成身体中毒。此外，肝脏是排毒器官，因此一些污染物质和化学物质可能会聚集其中。当然，如果选择有机的动物肝脏，这种隐患就会大大降低。

◆菠菜并不像大力水手说的那样是很好的铁来源，因为它含有草酸，会阻碍身体对铁的吸收。

◆茶也含有草酸，这就是吃饭时最好不要喝茶，也不建议小孩子喝茶的原因。

	维生素A／β-胡萝卜素	B族维生素	维生素C	维生素D／钙	铁	碳水化合物	蛋白质	脂肪*	纤维素
柑橘类，如橘子、西柚、无核小蜜橘			✓✓✓			✓✓			✓✓
莓类、葡萄、猕猴桃			✓✓✓			✓✓			✓✓
杏干、无花果干、梅干			✓✓		✓✓	✓✓			✓✓✓
香蕉		✓✓	✓✓			✓✓✓			✓✓✓
其他水果，辣椒	✓（橙色和黄色的）		✓✓			✓✓	✓（牛油果）	✓*（牛油果）	✓✓
绿叶蔬菜	✓		✓✓	✓	✓✓				✓✓
根茎类蔬菜，如胡萝卜、欧洲萝卜	✓（橙色和黄色的）		✓			✓✓			✓✓
淀粉类蔬菜，如土豆、山药		✓	✓			✓✓✓			✓
豆类，如鹰嘴豆、焗豆、豌豆、扁豆			✓		✓✓	✓✓	✓✓✓（部分）	✓*	✓✓
大豆和豆制品（包括组织化植物蛋白质、豆腐）		✓✓✓		✓	✓		✓✓✓	✓*	✓✓
麦片／谷物 （包括面包和意大利面），如小麦、北非米、黑小麦、大米、大麦、粟、藜麦**、燕麦		✓✓✓			✓（全谷物）	✓✓✓	✓✓✓**（部分）		✓✓✓***
红肉，如牛肉、羊肉		✓✓✓			✓✓✓		✓✓✓	✓✓	
肝脏	✓✓✓	✓✓✓		✓✓	✓✓✓		✓✓✓		

续表

	维生素A／β-胡萝卜素	B族维生素	维生素C	维生素D／钙	铁	碳水化合物	蛋白质	脂肪*	纤维素
白肉和家禽肉，如鸡肉、鸭肉、猪肉等		√√√			√√		√√√	√√	
多脂鱼，如鲭鱼、沙丁鱼、鲑鱼	√√√	√√		√√√			√√√	√√*	
其他鱼类，如比目鱼、鳕鱼、龙利鱼	√	√√		√			√√√	√	
鸡蛋	√√√	√√√		√√√	√		√√√	√	
牛奶、酸奶	√√	√		√√		√	√	√√	
黄油、奶油、人造奶油	√	√		√√				√√√	
奶酪	√√	√√		√√√		√	√√	√√	
新鲜坚果（精细研磨），如核桃、杏仁、巴西坚果					√√	√√		√√*	√
蔬菜，坚果，籽油，如橄榄油、核桃油、芝麻油								√√√*	

*这是对全家人而言最健康的脂肪；其他类型的脂肪对宝宝是有好处的，因为它们是能量的浓缩来源，但对成人并没有太大好处，因为脂肪摄入过多会增加患心脏病的风险。

**藜麦被视为蛋白质的完整来源。

***全麦谷物和麦片（比如全麦面包、全麦意大利面和糙米）含有大量不可溶性纤维素，所以宝宝不应该每顿都吃。

常见问题解答

实行宝宝自主进食后，你会出现很多关于宝宝如何处理食物的疑问和顾虑。本章旨在回答一些最常被提到的问题，从宝宝开始自主进食时父母的顾虑，到为什么宝宝10个月时会从餐椅上扔食物以及父母该如何处理这些情况。当然，每个宝宝都是不一样的，虽然绝大部分问题都是按照月龄整理的，但是大部分问题的回答适用于任何阶段实行BLW的宝宝。

问题1　宝宝自己会吃一些辅食，我们也会用勺子喂一些，这样做会有什么坏处吗？

绝大部分宝宝都会发现自己吃比被别人喂着吃更有意思——宝宝天生就享受自己完成任务以及学习新技能所带来的成就感。许多父母实施宝宝自主进食方法的契机，正是由于宝宝拒绝用勺子喂。

有人误以为宝宝必须经历被大人用勺子喂食的阶段。通常大家觉得必须用勺子喂宝宝具有以下原因：

- 误认为宝宝在某个阶段必须“习惯用勺子”；
- 误认为宝宝每天都需要喝酸奶，而他们没有办法自己喝酸奶；
- 担心宝宝自己吃流质食物会弄得到处都是；
- 担心宝宝自己吃辅食会吃不饱，必须要用食物泥来“填饱”肚子。

有些父母想让自己的宝宝习惯于勺子喂食，以防今后不让大人喂；而有些父母只是想在给宝宝手指食物的同时，也能用勺子喂宝宝。

但是，你的宝宝可不这么想！许多自主进食的宝宝很快就表示出不想让别人喂的意愿。他们有很多不同的方法来表达抗议，最常见的就是从别人手里抢过勺子。母乳喂养的宝宝表现得尤其明显，因为他们已经习惯了自己来控制喝奶的量和频率，当然不愿意接受被别人喂。而且你要知道，如果你有时坚持用勺子喂宝宝，有时又让他自己吃，这会让宝宝感到困惑，他不明白你到底是否信任他，他到底是否可以独立完成吃饭这件事，这反而不利于宝宝学习和掌握新技能。

如果你的宝宝的确接受了勺子喂养，那么勺子喂养和自己吃交叉进行并没有坏处。但如果你认同并且接受自主进食对宝宝的好处，那么不建议你每顿都用勺子喂。这是因为如果你每顿都用勺子喂，宝宝不太可能吃到多种多样的食物，也不能获得足够多的机会来发展吃饭的技能，并且你还可能忍不住想劝他多吃一点儿。最好把勺子喂食仅局限于某类食物（比如酸奶或粥），或者你可以用勺子舀好食物递给宝宝，由他决定吃还是不吃（关于如何让宝宝自己吃流质食物，详情请参见第149～151页）。

当我们外出的时候，我会尝试用勺子喂萨米，这样不会弄得太脏。但是他显然一点儿都不喜欢这样。他没有表现得太抗拒，通常只会把食物吐出来看一看，然后再用手拿起来吃下去。

——克莱尔，萨米（10个月）的母亲

当我们吃类似粥这样的食物时，我有时会用勺子喂尼古拉斯——但是只有当他想让我这么做的时候我才喂，我不会强迫他吃。当他不想继续吃的时候，我会立刻停止。

——丹，威廉姆（3岁）和尼古拉斯（7个月）的父亲

问题2　我女儿9个月大时开始自己喂自己，一开始她会往嘴巴里塞满食物。我很害怕让6个月大的儿子也尝试BLW，因为担心他也会做这样的事。

稍大一点儿的宝宝的确会往嘴巴里塞过多的食物，较之自主进食的

宝宝，用传统方法引入固体食物的宝宝更容易出现这种情况。如果宝宝一开始就被给予足够的机会去探索和把玩食物，他很可能从一开始就学会不往嘴巴里塞太多食物，因为那样会引起干呕反射。当宝宝还小的时候，在舌头很靠前的位置就会触发干呕反射。因此，宝宝越早有足够的机会自己把食物放入嘴巴，就越不可能往嘴巴里塞过多的食物。

你可以通过下面的方法避免让宝宝往嘴巴里塞过多的食物：

◆从6个月起让宝宝开始探索食物；

◆确保他是坐直的；

◆不要在他吃饭的时候分散他的注意力，让他专注地吃饭；

◆如果宝宝发生了干呕，不要惊慌——这会让他明白一次放入嘴巴多少食物才是合适的。

问题3　宝宝自主进食的方法听上去会浪费很多食物。怎么才能避免过多浪费呢？

这是父母们关于宝宝自主进食方法的普遍顾虑。其实，在为宝宝引入固体食物的时候，即使是喂他们吃食物泥，通常也会浪费一些。事实上，让宝宝自己吃会比用勺子喂食浪费得更少，反而更省钱。这是因为：

◆自主进食的宝宝和他们的父母吃几乎相同的食物。因此，多买些蔬菜不会让一周的食物开销增加过多，而如果买宝宝单独吃的婴儿食品就会贵很多。

◆在家里把食物打成泥会非常浪费——因为有许多食物会残留在过滤网和搅拌机里。

◆无论是勺子喂养还是宝宝自主进食，不可避免地会有一些食物撒落在宝宝餐椅或地板上，而块状食物比食物泥更容易捡起来继续给宝宝吃（前提是你在地面铺上餐布，保证掉落在地上的食物是干净的）。

◆如果宝宝在一开始就能够自己吃饭的话，长大后就更不容易挑食，而挑食一定会浪费很多食物。

◆最后，如果你养狗，你甚至可以省下不少买狗粮的钱——狗很快就会在宝宝吃饭的区域徘徊，等待着宝宝掉落的食物。

将浪费降低到最少的小贴士：

◆提前计划，确保被扔掉的或从手里滑落的食物落在干净的表面上，比如塑料的垫子，这样就可以把掉落的食物捡起来继续给宝宝吃（或者你自己吃掉）。

◆做一些可以和宝宝分享的食物（只要你平时的饮食比较健康，这会很简单，详情请参见第7章）。

◆一次只给宝宝几小块食物来探索，如果你给他太多，他可能会“将桌面清理干净”，以保证自己更加专注。

◆在宝宝刚开始学习自己吃饭时，你要尽量保持轻松，并给他足够的时间来探索。在他吃饭的技能提高以后，浪费的食物会减少很多。

◆不要迫使宝宝吃完所有的食物。逼他吃下他并不需要的量，虽然会减少浪费，但是会影响他对吃饱的认知，也容易导致他超重——所以，这不是真正在减少浪费。

问题4　我的宝宝7个月了，我不知道他该吃多少，或应该给他多少种不同的食物。为了确保他能吃下，我总是提供他喜欢吃的食物。

其实，7个月大的健康宝宝喝母乳或配方奶就已经足够，不需要通过额外的食物来补充营养。在这个月龄，引入固体食物更多的是为了让宝宝探索、学习和锻炼吃饭的能力。受传统观念中“食物必须进入宝宝嘴巴”的影响，很多父母想转变观念其实是很难的，而相信宝宝自己会吃身体所需的食物，则更加让人难以接受。每个宝宝适应固体食物的速度是不同的，很多7个月大的宝宝还没有真正开始吃固体食物。

宝宝刚开始自主进食时，吃下去的食物总是少于父母所期望的量，尤其是跟用勺子喂食的宝宝相比较。但在早期，慢慢增加固体食物的量，并保证足够的奶量，远比急着增加固体食物对宝宝更有益。

所以，没有必要为了让宝宝吃下食物而只给他吃他喜欢的食物。在7个月大的宝宝眼里，食物是有趣的，味道也是好的，所以最好让他尝试多种不同的味道（这也让他最大可能地得到均衡的营养——即使他吃得不是很多）。同样重要的是，要有意识地给他提供不同形状和不同材质的食物，而不只局限于那些他容易处理的食物，这样他可以更快提高自主进食的能力。但他不需要每顿饭都吃很多种类的食物（事实上，如果你一次在他的餐盘上放太多的东西，他会感到不知所措，详情请参见第77～79页）。

当宝宝把食物吐出来或拒绝进食时，父母通常会认为他们不喜欢这些食物，事实上，这可能只是因为他当天不喜欢吃或者不需要。众所周知，婴幼儿的口味是非常善变的，他们可能在某一天吃很多某种食物，第二天又完全不想吃这种食物，这是很正常的。继续向宝宝提供你自己平常吃的食物，只要保证种类足够多样即可。尽量不要评价哪种食物是他的“最爱”，或者哪种食物他不爱吃。宝宝总是会朝着父母期望的样子发展，所以，如果你总是说他不喜欢某种食物，他真的就会相信这种说法!

如果你的宝宝喝配方奶，在一开始引进固体食物时，他接受新口味的过程会比较缓慢，因为在这之前他喝的配方奶都是一样的味道。尽管人工喂养的宝宝需要花更长的时间来适应新食物，但仍然需要为他们提供足够多种类的食物，这样当他们准备好之后，就可以顺利接受尽可能多的食物种类。

最好的方法就是让宝宝吃你自己吃的东西（只要保证食物是健康、营养的），这样他会感觉自己参与到和你一起吃饭的过程中，并知道食物是安全的。你要做的就是学会放手，让宝宝按照自己的方法去处理食物。如果他不想吃，就允许他不吃，没有必要在冰箱里翻找其他食物来诱惑他吃得更多。

你可以尝试下面的方法：

- ◆持续给宝宝提供其他家庭成员通常吃的食物；
- ◆记住：宝宝所喝的奶已经足够让他茁壮成长；
- ◆尽可能为宝宝提供不同口味的食物；
- ◆尽可能为宝宝提供不同形状和不同材质的食物；
- ◆不要一次在宝宝的盘子里放太多食物；
- ◆尽量和宝宝吃一样的食物；

◆接受宝宝多变的口味——一会儿喜欢，一会儿不喜欢，每天或每周都可能不一样；

◆如果宝宝不想再吃，请相信他。

问题5　人们总是问我宝宝吃下去多少辅食，我没有办法确切回答，因为他总是吃得到处都是！

健康专家、亲戚和家人总是问我：“他吃了多少？”他们总会期待父母说“每天两顿，每顿三勺”或者“每天三顿，每顿两整罐”。事实上，宝宝自主进食方法更多的是关注食物的多样性、口味、材质和宝宝的学习能力，而不关注大部分用勺子喂养宝宝的父母习以为常的有关食量的问题。

在宝宝自主进食的开始阶段，父母总是很难确定宝宝到底吃下去多少辅食。因为宝宝会把食物在餐盘上涂开，会漏一些食物藏在屁股下面，还会把食物掉在地上。所以，要搞明白他到底吃下去多少是一项很大的挑战。当我们给宝宝提供手指食物让他们抓着吃时，从一开始就不是用多少勺的方式来衡量宝宝的食量的。即使这些道理我们都明白，我们还是想知道到底他吃下去“多少”。

不过，有一个事实，即绝大部分人认为宝宝“应该”吃的量都不切实际。这源于以前妈妈们都希望自己的宝宝是最健康的（更贴切地说是最胖）的观念。在那时，“肥胖”等同于“健康”，于是很多妈妈都把增加体重作为目标，因此会觉得宝宝吃得越多越好。

我们通常所说的量都是针对食物泥而言的。但是当食物被打成泥时，为保持合适的黏稠度，都会加入一定量的水。因此，看上去宝宝吃了不少食物泥，事实上固态物质的含量却很少。而且你要记住，虽然用勺子喂宝宝时他能吃掉一整罐，但其实他也会搞得身上到处都是。

其实你不需要太纠结宝宝到底吃下去多少，关键在于保证他是健康的，有机会吃足够量他所需要的食物，并喝下他想喝的奶量。

你可以尝试下面的做法：

◆ 尽量不要因为压力而去测量宝宝到底吃下去多少。只要他吃到了不同种类有营养的食物，并喝下充足的奶量，至于吃下多少固体食物，并不是最关键的问题。

◆ 当人们问“他吃下去多少食物”时，你不要陷入计算数量的困境中，反而可以列举他尝试过的不同种类的食物，并且告诉他们宝宝自己吃的时候有多开心。

我的奶奶某天问我莱奥吃下去多少固体食物，我说：“哦，他吃了很多！包括胡萝卜、西蓝花、鸡肉、香蕉、牛油果、青豆、吐司、橄榄、乳酪——吃了所有这些。”她接下来就不知道再说什么了！

——克莱尔，莱奥（8个月）的母亲

问题6　我的宝宝8个月了，宝宝自主进食方法实施得很顺利。唯一的问题是他体重的增长开始减缓，这是怎么回事？

宝宝的增重速度是有很大差异的——不同的宝宝之间会不同，甚至同一个宝宝在不同时期也会不同。但是许多实施BLW的父母都会反映，宝宝在大概8个月时体重增长会减速。这恰好发生在宝宝开始吃大量食物之前，在那之后他的体重增长会再次加速。

扫描二维码
了解“生长曲线”

健康访视员和医生都会使用生长曲线来表明宝宝每个月龄正常的体重区间，在宝宝称过体重后，他们会把数据描成点，然后连成一条线。事实上，很少有宝宝的体重会每周持续稳定地增长。他们总是一下子增长很多，所以（成长曲线上的某一段）线会突然跳高，或几周之内一直处于平稳期，因而那段时间的成长曲线很平缓。这都是正常的（也非常好地解释了为什么对8周以后的宝宝每个月多于一次体重称量是毫无帮助的）。图表上的曲线（或百分位数）是用来帮助专业人士发现那些体重增长有很大问题的宝宝的，但并不意味着所有宝宝都应该遵循同样的生长曲线。不过，如果你的宝宝显得很健康，却连续几周体重都没有增长，你最好跟健康访视员进行沟通，也可以找医生做些检查——只是为了确保没有什么问题。

一般来说，母乳喂养的宝宝会有类似的体重增长模式：在前3个月快速增长，在6个月左右开始减速，这种状况会持续到大概9个月时，之后他们会保持更加稳定的体重增长速度。人工喂养的宝宝体重一开始增长得比较缓慢，但后来的增长速度会超过母乳喂养的宝宝（不过最新的育儿理念建议，人工喂养的宝宝最理想的增长模式应该跟母乳喂养的宝宝一样）。

并不是所有的体重增长对婴幼儿都是有好处的。体重增长过快和体重增长过慢都是有害健康的——不但在孩子小的时候有害，甚至对成年以后的健康也是有害的。如果你的宝宝之前的体重增长速度高于平均值，接下来很可能会经历一段缓慢增长期，这是为了抵消之前额外增长的体重。

记住，即使某段时间内宝宝的体重增长非常少，他的身高和其他方面的能力还是会持续增长。当宝宝吃喝时，他们摄入的所有营养和卡路里首先都会确保大脑和其他器官的正常运作和生长，并为它们提供能量。剩余的卡路里才会被储存起来，成为额外增长的那部分体重。因此，一个体重不怎么增长的宝宝，仍然会有足够的能量保证健康和能力的发展，只是剩余的卡路里较少而已。此外，体重没有增长，也并不意味着宝宝没有吃饱。

你可以尝试下面的做法：

◆用全面的眼光看待宝宝。如果他明显很健康、很活跃，你就不必过于担心。

◆要看宝宝体重增长的整体趋势，而不是只盯着之前的几周看。如果宝宝的体重真的在下降，你需要引起注意；但如果只是短时期的体重增长放缓，其实不需要过于忧虑。

◆如果你真的有疑虑，请与健康访视员或医生进行讨论。

问题7 我的宝宝8个月大，他拉大便时需要费很大的力气，为什么会这样呢？

宝宝在拉大便时总是显得特别用力，甚至很夸张，即使拉出来的大便是很软的。目前还不清楚为什么会这样，但这似乎跟他们吃了什么或如何吃并没有太大的关系。一种理论认为，当宝宝发现他可以控制拉大便的过程时，就会开始用力——他甚至会从中获得乐趣！无论这是不是真的，似乎绝大部分宝宝从某个时间开始都会这样做。

但是，如果你的宝宝拉出来的大便真的很硬，那就意味着他吃的东西没有足够的水分。如果他是母乳喂养的，特别是纯母乳喂养的，不太可能出现这样的情况，因为母乳天然就有通便的作用，能够让肠内的食物按照稳定的节奏进行蠕动。对于人工喂养的宝宝，你需要更频繁地让他喝水。在少数情况下，非常硬的大便是生病的一种症状，因此如果宝宝持续存在便秘问题，你最好带他去医院检查一下。

你可以尝试下面的做法：

◆对于母乳喂养的宝宝，母乳可以喂得频繁一些；对于人工喂养的宝宝，可以多给他喝些白开水。

◆如果宝宝的大便一直都很硬，最好去找医生检查一下。

问题8　我的宝宝大便非常稀，这样正常吗？

无论你是否采用了宝宝自主进食的方法，在添加辅食阶段，宝宝的大便很软或很稀都是非常正常的。这只是表明宝宝的消化系统正在习惯接受除奶之外的食物，他的大便会随着时间的推移而慢慢成形。如果你的宝宝是纯母乳喂养，他的大便可能总是很软，而且这种情况在添加辅食后还会持续好几个月。

如果宝宝的大便比平时更稀，他通常需要摄入更多的水分。如果你的宝宝是母乳喂养的，无论他什么时候想吃，都要满足他。如果你的宝宝是人工喂养的，多给他喝几次白开水——但不要强迫喂他喝水。如果他扭头，就不要继续喂他，这是他在用自己的方式告诉你：“不用了，谢谢，我很好。”

有时候，宝宝的大便比较稀表明他无法消化某些食物，或者受到了某种感染。如果宝宝的精神状态不是很好，或者表现出不适症状，你应该找医生进行检查。稀的大便本身是正常的，但是如果伴随其他的症状，比如呕吐、精神萎靡或体重下降等，就不正常了。

你可以做下面的事情：

◆对于母乳喂养的宝宝，母乳可以喂得频繁一些；对于人工喂养的宝宝，可以多给他喝些白开水。

◆通过涂抹护臀膏来防止尿布疹，并及时换尿布（非常稀的大便会让宝宝的屁股长疹子）。

◆留意宝宝生病的迹象，如果你认为他身体不适，就需要带他去看医生。

问题9　我的宝宝9个月大，最近好像已经有几天不吃任何固体食物了。我应该怎么办呢？

如果宝宝几天不吃食物，也许并不需要担心什么。有时宝宝好几顿饭几乎什么都不吃，接下来几天又会吃下很多东西，出现这样的情况是很正常的。出现这种情况的原因，有时可能就是出牙这么简单，宝宝在出牙时吃固体食物会很疼，他可能需要通过母乳或奶瓶来得到安抚（母乳喂养对缓解出牙疼痛尤其有帮助）。当宝宝患感冒或其他小感染时，也会吃得更少，喝得更多。这非常正常，因为消化食物本身会消耗大量的能量，而不吃的话就可以让宝宝调动身体所有的能量来对抗感染。一旦感冒痊愈，一切就会恢复正常。患严重疾病的宝宝也会出现没有胃口的情况，同时你还会发现一些其他的症状。所以，如果你的宝宝突然不想吃饭，同时脸色苍白、精神萎靡、频繁哭闹，或出现其他生病的迹象，就应该带他去医院检查。

有时候情绪问题也会让宝宝突然失去胃口，比如当妈妈的哺乳假结束后需要回去工作，或者为宝宝更换了托儿所、保姆或幼儿托管人，这时宝宝也会出现一两天不吃固体食物的情况。有时候父母关系紧张或家里发生大的变动，比如搬家（或者只是去度假）也可能影响到宝宝的胃口。还有一些宝宝经常没有任何原因却好几天不吃东西，而之后好几天又吃很多。

有些宝宝在某几天吃辅食比较少时，会喝更多奶，但也有些宝宝似乎不那么容易饿。突然需要更多奶的宝宝，可能是因为那段时间偏爱奶，或者只是需要得到更多的安抚。这些都是正常的，重要的是父母不要过于担心，因为如果父母对宝宝的吃饭问题太担心，宝宝通常会感觉到一种压力，从而可能会让偶尔胃口小的问题升级成意志力的斗争。有压力的吃饭过程不会让任何人感到有趣，对宝宝的胃口也不会有任何帮助!

此外，非常重要的一点是，不要通过诱骗或逼迫来让宝宝吃东西，这只会让他感到疑惑或不安，还可能会导致他对食物产生不愉快的联想。请记住，没有一个孩子会有意饿自己。只要为其提供足够的营养食物，他们总是会按照自己的需求去进食。如果有几天没好好吃东西，之后他们会根据身体的需求进行弥补。

你可以尝试下面的做法：

◆为宝宝提供充足的液体。对于母乳喂养的宝宝，母乳可以喂得频繁一些；对于人工喂养的宝宝，需要同时增加配方奶和水的摄入量。

◆在吃饭时为他提供少量富含营养的食物。

◆不要在他的盘子里放太多食物，否则会对宝宝造成压力，而且有些宝宝会推开对他而言太多的食物。只给他少许食物，并且只有当他向你要的时候才给他。

问题10 我的宝宝9个月大，他不想在餐桌旁吃饭，但非常喜欢在地板上寻觅食物碎渣吃，这正常吗？我需要阻止这种行为吗？

无论在哪里找到食物，宝宝都会捡起来，他很享受这样做，这是很普遍、很正常的。这对宝宝来说是一种很自然的吃饭方式，就如同成年人在吃自助餐或野餐时一样。宝宝之所以会发现地板上的食物，只是因为他们会在地上到处爬。如果你的宝宝正处在学步期，他一定会在地上发现吃剩一半的苹果或饼干。如果你家有几个孩子，那么小宝宝第一口“非正式”的固体食物，很可能就是在地上发现的由姐姐或哥哥留下的一口美味。

通过觅食来探索食物，是宝宝学习判断哪些食物比较安全的一种方法。尽管有理论说宝宝需要通过接触灰尘来帮助发展免疫系统，但对于遗留在地上过久的食物，最好别让宝宝吃，因为这种食物上携带的细菌可能会导致严重的食物中毒。

虽然宝宝是在探索食物，但他可能并不享受吃饭的时光。如果他不享受在餐桌旁吃饭，可能是因为有些东西让他感到不舒服。许多宝宝餐椅都是为学步期的宝宝设计的，所以对刚开始添加辅食的宝宝来说有些偏大——餐盘的位置有点儿高，他也可能感受到被限制，或坐在餐椅上感到不安全。刚开始引入固定食物的前几周或前几个月，很多宝宝更乐意坐在父母的腿上吃饭，也喜欢从别人的盘子里拿食物来吃。

也可能是其他原因导致宝宝不享受吃饭的时光，比如他被要求长时间安静地坐在餐桌旁，被要求好好吃饭，不能自由把玩食物，或者他发现可以在桌子底下按照自己的节奏随心所欲地探索食物，并且不会被干预。另外，有些宝宝意识到父母（或其他人）一直盯着自己，看自己吃下每一口饭，他们会因为感到有压力而放下食物。

除此之外，你不妨尝试改变吃饭的地点，不是让宝宝坐在桌子旁，而是坐在干净的垫子或毯子上进行野餐。无论是在室内还是室外，这些有意思的变化都可以帮助宝宝重新发现吃饭的乐趣。

你可以尝试下面的做法：

- 在任何时候都尽可能地和宝宝一起吃饭；
- 确认他在餐桌旁坐得很舒服；
- 允许他吃饭时尽情探索食物，即使弄得乱七八糟；
- 宝宝吃饭时尽量不要盯着他看；
- 当他失去吃饭的兴趣时，不要逼迫他长时间坐在餐桌旁；

◆保证地面或矮的平面上没有剩余的食物；

◆尝试和宝宝一起野餐（室内或室外均可），让他重新发现一起吃饭的乐趣。

问题11 我的宝宝10个月大，仍然对固体食物没有兴趣。这是个严重的问题吗？

尽管大部分宝宝在6个月大时开始尝试固体食物，就会对食物十分感兴趣，但也有不少宝宝要到八九个月甚至更大时才对食物真正产生兴趣。当前世界卫生组织（和英国卫生组织）建议应该从宝宝6个月左右开始引入固体食物，但这并不意味着所有宝宝在这个月龄都已经准备好——就好像不是所有宝宝都在1岁时就能走路一样。

6个月大时，母乳和配方奶仍然是宝宝身体发育所需营养的主要来源。宝宝喝的奶在接下来数个月里可以而且应该提供绝大部分的营养，固体食物只提供一小部分额外的营养需求。真正重要的是让宝宝自己决定他需要什么。

有经验显示，有家族过敏史的宝宝如果可以自己选择，辅食添加开始的时间通常会比较晚，这对于降低小月龄宝宝的过敏风险很重要。对于这类宝宝，有必要补充额外的维生素A、维生素C、维生素D和铁剂。

少数宝宝有生理方面的问题（比如肌肉较弱或吞咽异常），这会限制他们发展正常的自我进食技巧。在少数情况下，这种问题可能到宝宝6个月之后才被发现。这时宝宝的自主进食技能会发展得很缓慢，这是宝宝在生理方面有问题的最初症状。如果你对宝宝的总体发展有疑惑，比如他似乎不能拿起玩具放入嘴巴，那么最好带他去医院进行检查，以防他对于食物缺乏兴趣是由更严重的问题所致。

你可以尝试以下的做法：

◆ 不要简单地描述宝宝“不好好吃饭”或说他“胃口不好”。倘若你仍然给他足够他想要的母乳（或配方奶），他其实也吃下了足够身体所需的食物量——所以，根本不存在“胃口不好”这种说法！

◆ 即使宝宝不感兴趣，你也要继续和他一起吃饭，并让他用手抓东西吃。这样当他做好准备后，就会吃得更多。

问题12　我的宝宝7个月了，我妈妈担心他只是玩食物（而不是吃饭）。这种看法是否正确？

要相信你的宝宝能吃够他身体所需要的食物量，并且允许他自己去抓或探索食物，这是BLW最重要的两个方面，也是父母（和祖父母）在实行BLW过程中最难转变观念的地方。以前的每代父母都被鼓励：不管宝宝是否想吃，都要想尽办法让他们吃完最后一口食物。他们把宝宝的体重增长当作目标，而认为宝宝玩食物是浪费、没教养和调皮的表现。

我们现在知道，宝宝的体重增长过快是有坏处的。在引入辅食的最初几个月，他们实际上需要吃很少量的辅食。母乳或配方奶为他们提供了足够的营养和卡路里，探索食物则为他们提供了很重要的学习体验，以便为今后的健康饮食习惯做好准备。

玩是宝宝学习事物如何运作和发展新技巧的重要途径，因此提供尽可能多的机会让他玩食物就显得很重要。压扁食物并到处涂抹，或把食物扔在地上，这些可以教宝宝掌握体积、大小、形状和材质等概念，让他学会认识不同类型的食物、了解它们的味道，并学习如何抓握它们。

随着宝宝逐渐长大，他将吃得更多而玩得更少，不过他还是会时不时地玩一下食物。给宝宝足够的时间和自由去探索食物，不要催促他吃东西，这样可以确保他能够按照自己的节奏发展进食技巧（详情请参见第2章）。随着他对食物需求的增长，他喂自己吃东西的技巧也会相应增长。许多实行BLW的父母都反映，9个月宝宝的精细动作比同月龄的其他宝宝发展得更好，或者比他被勺子喂养的哥哥姐姐当年的精细动作发展得更好。

在学会把食物放进嘴巴之前就有机会抓握食物，也能帮助宝宝学习处理嘴巴里的食物，他们会比同月龄的其他宝宝更好地处理不同性状的食物。此外，放手让他们探索食物，还能让宝宝尽快接触不同种类的食物，从而使他们更容易接受新食物。

有时，大一些的宝宝也会出现玩食物的情况，这很可能是因为他们对某些食物感到枯燥。他可能很饿，但是想（需要）吃一些新的东西。判断是否存在这种问题最简单的方法，就是给他一些不一样的食物，或从你的盘子里拿一些食物给他。

对大部分父母来说，要相信宝宝可以吃饱是很困难的，尤其是在辅食添加的初期阶段。事实上，许多父母和祖父母之所以出现这种担心，是因为他们期望宝宝吃下的食物量是不切实际的，这种预期常常是针对含有很多水分的辅食泥而言的。

总而言之，只要你的宝宝能够用他的手来探索食物，并被提供足够多的机会去处理各种富含营养的食物，你就完全可以相信他能够依靠本能来决定自己该吃多少东西。如果他大小便规律，身体健康，精神状态良好，就表明他已经吃饱了。

你可以尝试下面的做法：

◆鼓励你妈妈说出她的疑虑；

◆向你妈妈表明你的宝宝很健康、很开心，并鼓励她从宝宝的角度去看问题；

◆坚持你的信念——当你的宝宝成长为一个善于社交、对食物充满热情，爱吃祖母烧的饭菜的“小吃货”时，时间会告诉你，遵从BLW的直觉是对的。

一旦你接受食物是宝宝自娱自乐的一种方式，而不只是作为吃下去的一种任务，一切便会变得更让人享受了。

——乔安，凯特琳（2岁）的妈妈

结语

希望你喜欢这本书，并祝愿你和宝宝都能拥有健康、愉悦的就餐时光。

希望你对于BLW的合理性具有深刻的认识，并能理解它是如何完美地顺应宝宝技能发展的自然规律的，就像宝宝在第一年中所学的其他技能一样。BLW能帮助你和宝宝避免因为食物引起的不必要的战争，这种战争在婴幼儿和其父母之间实在太普遍了。BLW也能让全家人的吃饭时间变得更有乐趣。简而言之，BLW能让吃饭过程回归快乐的本质。

自主进食在宝宝的成长过程中具有非常重要的作用。不仅宝宝的全面发展与自主进食的技能有着非常重要的关系，而且他们在家庭就餐中所学到的东西对于他们个性的发展和其他技能的增长也十分有益。

越来越多的证据表明，宝宝小时候的喂养方式会决定他们整个童年甚至成年后对待食物的态度。几乎每周都能听到关于肥胖和饮食障碍的新闻，这些问题通常会导致严重的、令人痛心的结果。许多问题的根源都逃不过以下两个问题：了解自己的胃口和控制食欲，而健康地发展这两方面恰恰是宝宝自主进食方法的核心。

家长得到的很多婴儿喂养方面的建议，是基于三四个月大的宝宝的能力发展基础上的，并且其前提是宝宝是用勺子喂养的，根本没有考虑6个月大的宝宝已经有足够的能力来主导固体食物，能够自己喂自己。BLW其实是把我们了解的宝宝什么时候应该添加固体食物，和我们看到的宝宝在这个阶段所具备的能力联系起来而已。

希望本书能给你一些实际的指导，让你掌握如何践行BLW，如何保证宝宝的进食安全，并让他们享受吃饭的过程，以及随着宝宝能力的发展，如何应对可能出现的问题。

最后，我想借此机会感谢所有为我们提供第一手资料的父母，是他们的经验帮我们完成了这本书。希望他们分享的宝宝探索食物时的喜悦和惊奇，能够让你有所启发，正如当初让我们深受启发一样。而最重要的是，所有这些故事都说明，宝宝自主进食方法是非常有效的。

附录1

宝宝自主进食的故事

尽管宝宝自主进食这种方法可能一直存在，但是关于这种方法的原理以及操作步骤的系统理论，却是由这本书的作者之一吉尔·拉普利提出的。她在超过20年的健康访视员经验中，遇到过很多存在宝宝喂养问题的家庭，许多宝宝不愿被父母用勺子喂食，或者只愿意接受非常有限的食物。一些父母花了很大的力气来强迫宝宝吃东西。宝宝吃块状食物时被噎或被呛到的情况也很普遍。就餐时间对于父母和宝宝来说都是一种巨大的压力。

吉尔怀疑宝宝拒绝的其实不是食物本身，而是抗拒父母的喂养方式。你可以过一段时间再添加固体食物（如果宝宝还不到6个月的话），或者让宝宝自己动手（如果他稍大些的话）。这些简单的建议，无论对于鼓励宝宝的行为，还是缓解父母的压力，都有巨大的帮助。归根到底，父母要把吃饭的控制权还给宝宝，而这又引发了另一个问题：在一开始，我们为什么要剥夺宝宝的这种权利呢？

在吉尔攻读硕士期间，她聘请了一群4个月大的宝宝的父母（4个月是最早引入固体食物的建议月龄）来帮助她观察：如果不用勺子喂宝宝，而是让他们自己接触并处理食物的话，他们会做些什么。这些宝宝从研究一开始到研究结束都是纯母乳喂养的。他们9个月大时，这项研究结束。

这些父母被要求在吃饭时坐在宝宝旁边，允许宝宝自己处理并探索不同的食物，如果他们愿意的话，也可以自己吃食物。父母们每两周会制作一个短视频，以记录宝宝吃饭时的行为表现，并用日记的形式记录宝宝对于食物的反应和宝宝的总体发展情况。

视频和日记显示，4个月大的宝宝并没有抓起食物的能力，但他们很快就会把手伸向食物。一旦能够抓住食物（有些宝宝会早一些，有些会晚一些），他们就会把食物送进嘴巴。一些宝宝在5个月时就会啃咬或用力咀嚼食物，但他们并不会将食物吞咽下去。他们都非常专注于自己所做的事情，即使他们并不需要吃下这些食物。

到大概6个半月时，几乎所有的宝宝都学会了如何把食物放到嘴巴里。经过一到两周明显的咀嚼“练习”后，他们学会了如何把食物吞下去。渐渐地，他们“玩”食物的情况变少，转而开始更有目的性地吃食物。随着手眼协调能力和精细动作的发展，他们有能力抓起越来越小的食物了。

到9个月时，所有的宝宝都能吃丰富多样的普通家庭食物。绝大部分宝宝还是用手指拿食物，有一些宝宝开始使用勺子和叉子。据父母们反映，这些宝宝吃块状食物时毫无问题，在吃饭过程中也几乎没有出现干呕的现象。宝宝们都愿意尝试新的食物，而且乐在其中。

在吉尔进行研究的同一时间段，大量的研究结果表明：在理想的状态下，宝宝应该一直被纯母乳喂养至6个月时再开始添加辅食。吉尔的研究结果，以及支持该研究结果的许多父母通过自己的亲身经历都建议：普通、健康的人类宝宝——如同任何其他哺乳动物幼崽一样——在合适的月龄完全具备自己喂自己吃固体食物的能力。

附录2

食物安全的基本准则

细菌会在食物中快速扩散和繁殖，而宝宝相比成年人更容易因为食物中毒而生病。此外，食物当中的化学制剂也会致病。为保证家人的饮食安全，最好遵循下面这些简单的原则。

1.你（和家人）

在以下情况中，请用肥皂洗手，并彻底冲洗干净：

- 吃食物之前；
- 处理生食物和即食食物之间；
- 接触垃圾桶之后；
- 碰过你的脸或头发之后；
- 接触过清洁材料之后；
- 接触过宠物或它们的床、饭碗之后；
- 上完厕所之后；

◆如果你患感冒或胃病，一定要额外注重洗手；

◆给宝宝食物之前，用中性肥皂和清水帮他洗手，并鼓励其他家庭成员在吃饭之前也洗手。

2.厨具和表面

◆在准备食物之前和之后，以及接触过生冷食物后，需要彻底清洁所有的表面和用过的工具。

◆在处理生冷食物之后，清洁使用过的砧板和刀具。如果有可能，请准备两块砧板：一块用来切生冷食物，一块用来切即食食品。

3.储存食物

◆遵循食品包装袋上的存储方法。

◆一回家就把标有使用截止日期（而不是只标有“最佳食用日期”）的食物尽快放入冰箱。

◆食用不了的冷藏或冷冻食物，要尽快放回冰箱。

◆经常检查存储的食物是否过期。对于任何临近“过期日”的食物，都需要确认是否已经变质。

◆封好或盖好所有生冷食物或未烧熟的食物，特别是肉类和鱼类，并把它们放在冰箱的底层，这样就不会接触其他食物或滴落到其他食物上。

◆不趁热吃的食物应该盖好，在快速降温后，尽快放入冰箱。这对肉类、鱼类、鸡蛋和米饭来说尤其重要，因为这些食物中含有的病菌会在室温下迅速繁殖。（将热的食物分成小份，并放在较浅的餐具里，能更快冷却下来。可以通过用冷开水冲洗米饭来迅速降温。）

◆可以买个冰箱温度计。把它放在冰箱温度最低的地方（通常是在下层的后面），并定期检查。冰箱温度应该保持在0℃～5℃。如果冰箱的温度过高，食物就不可能保存太长时间。把食物放在冰箱正确的位置上。

◆除非万不得已，否则不要让冰箱的门长时间敞开；

◆不要把容易变质的食物放在冰箱门的架子上；

◆不要把热的食物直接放入冰箱，这会使整个冰箱的温度升高。

◆有理论认为，水果和蔬菜中的酸会和锡（铝）箔纸中的金属发生反应，从而使化学制剂释放到食物中。所以，最好不要用锡（铝）箔纸包裹这类食物。

◆如果你习惯使用保鲜膜，请检查一下你所用的保鲜膜是否可以在食物上安全使用。如果不确定，可以把食物放在碗里，并用保鲜膜封住碗口，这样保鲜膜就不会接触到食物。

◆检查生产厂商的说明中对于冷冻食物的建议存储时间。

4.烹饪食物

◆在烹饪前，彻底清洗水果和蔬菜，并冲洗肉类、禽类、鱼类和大米。

◆在烹饪前，彻底解冻被冷冻的肉类和禽类。相比在室温中自然解冻，把食物放在冰箱冷藏室里缓慢解冻，或在微波炉里快速解冻，会更加安全。

◆烹饪食物时，确保食物已熟透。在吃之前，确保食物从里到外都是热的，流出来的肉汁是清澈的。不要缩短包装标签或烹饪书上所注明的烹饪时间。

◆用烤箱烹饪食物时，请严格遵守建议的烤箱温度；用微波炉烹饪时，请严格遵循使用说明。

◆确保鸡蛋是熟透的。避免任何使用半生鸡蛋的食谱，比如蛋黄酱。

◆如果可能，食物一旦烧好就应该尽快食用。如果你能控制食物的温度，请保持在63℃以上。如果不能保证这个温度，应该在2小时内尽快吃完，或者待降温后将其放入冰箱，之后再吃时需要重新加热。这对肉类、鱼类、鸡蛋和米饭来说尤其重要。

◆冷藏、烧熟的食物只能被加热一次。在进食之前，确保食物从里到外都已经被加热。

致谢

感谢所有为本书提供想法、经验、意见和智慧的人，没有你们，本书就不会顺利出版。尤其感谢杰西卡·菲格拉斯（Jessica Figueras），黑兹尔·琼斯（Hazel Jones），山姆·帕蒂恩（Sam Padain），加布里埃·帕尔默（Gabrielle Palmer），玛格达·萨克斯（Magda Sachs），玛丽·斯梅尔（Mary Smale），艾莉森·斯皮罗（Alison Spiro），莎拉·斯夸尔斯（Sarah Squires）和卡罗尔·威廉（Carol Willianms），他们对于本书的初稿提出了非常宝贵的意见，同时也感谢他们对本书的洞见、支持和灵感。

要特别感谢那些向我们提供宝宝自主进食照片的父母——多么希望能把这些照片全都放进书里！

此外，还要感谢本书的编辑朱丽亚·凯拉韦（Julia Kellaway），谢谢她的耐心和对我们的包容。

最后，感谢家庭对我们写作本书的支持——从阅读初稿到编辑图片的技术支持，从帮忙照看孩子到在写作时为我们端茶倒水。尤其是我们的另一半，每一位都值得为其颁发一块奖牌。

将此书献给我们的孩子，他们持续不断地教给我们很多东西。

参考文献

Chapter 1　什么是宝宝自主进食

1.*The Compact Oxford English Dictionary*, 3rd edn [M] . Oxford：Oxford University Press, 2005.

2.*The American Heritage Dictionary of the English Language*, 4th edn [M] . New York：Houghton Mifflin, 2000.

3.WHO/UNICEF, Global Strategy for Infant and Young Child Feeding [M] . Geneva：WHO, 2002.

4.World Health Organization website：www.who.int/childgrowth/standards/weight_for_age/en/

5.WHO/UNICEF, *International Code of Marketing of Breast-milk Substitutes* [M] .Geneva：WHO, 1981.

Chapter 2　宝宝自主进食的科学依据

1.C.M.Davis. Self-selection of diet by newly weaned infants：an experimental study [M] . *American Journal of Diseases in Childhood*, 1928, 36(4):651-679.

Chapter 5 宝宝自主进食的中期阶段

1.Work of Professor Malcolm Povey, http://www.food.leeds.ac.uk/mp.htm.

附录1 宝宝自主进食的故事

1.G.Rapley (V.H.Moran and F. Dykes, eds.). *Baby-led Weaning in Maternal and Infant Nutrition and Nurture: Controversies and Challenges* [M] .London: Quay Books, 2006.

2.G.Rapley. *Can babies initiate and direct the weaning process*.Unpublished MSc. Interprofessional Health and Community Studies. Kent: Canterbury Christ Church University, 2003.